W0360015

Klausurtraini

Dipl.-Volkswirt Reinhard Fresow

Rechnungswesen

Wirtschaftsbezogene Qualifikationen

77 typische Klausurfragen
mit ausführlichen Lösungshinweisen

Frankfurt, Feb. 2017

Redaktion Kap.1 + Kap.2:
Eva Heinz, gepr. Bilanzbuchhalterin (IHK)

ISBN 978-3- 946744-13-9

2. Auflage

Umschlaggestaltung: Simone Meckel

Druck: www.druckterminal.de
KDD Kompetenzzentrum Digital-Druck GmbH
Leopoldstraße 68 * D-90439 Nürnberg

Inhaltsverzeichnis

1. Grundlegende Aspekte des Rechnungswesens **7**

2. Finanzbuchhaltung **13**

3. Kosten- und Leistungsrechnung **19**

Abgrenzungen *19*

BAB und Zuschlagskalkulation *24*

Maschinenstundensatz *30*

Äquivalenzziffern *32*

Handelskalkulation *34*

Deckungsbeitrag und Break-even *37*

4. Auswertung der betriebswirtschaftlichen Zahlen **45**

Kennzahlen *45*

Rentabilität *47*

5. Planungsrechnung **52**

6. Lösungen: Aspekte des Rechnungswesens **53**

7. Lösungen: Finanzbuchhaltung **59**

8. Lösungen KLR **65**

Abgrenzungen *65*

BAB und Zuschlagskalkulation *70*

Maschinenstundensatz *79*

Äquivalenzziffern *82*

Handelskalkulation *84*

Deckungsbeitrag und Break-even *89*

9. Lösungen - Kennziffern **101**

9. Lösungen - Rentabilität **103**

10. Lösungen: Planungsrechnung **109**

Literatur **111**

Vorbemerkung

Dieser Band **Rechnungswesen** enthält dem Stoffplan entsprechend Klausurfragen zu den Bereichen (mit Angabe der Punkte in der Klausur nach DIHK-Empfehlung):

Grundlegende Aspekte des Rechnungswesens	
Finanzbuchhaltung	20
Kosten-und Leistungsrechnung	60
Auswertung der betriebswirtschaftlichen Zahlen	
Planungsrechnung	20

Die Anzahl der Fragen zu den einzelnen Kapiteln entspricht nicht genau diesem Verhältnis, weil auch die Anzahl der in den bisherigen Prüfungen berücksichtigten Themen dem nicht entspricht. Zum Thema „Rentabilität" gab es beispielsweise zwar in allen bisherigen Klausuren eine Frage; aber diese Fragen wiederholen sich in ihrer Art. Der Schwerpunkt liegt eindeutig auf dem Kapitel „Kosten- und Leistungsrechnung". Ziel des Buches ist es, hier für jede Kalkulationsart und zu jeder Kalkulationsart für jeden möglichen Fragetyp eine Aufgabe zur Verfügung zu stellen.

Bei der Reihenfolge der Fragen zu den einzelnen Themen wurde darauf geachtet, dass Fragen zum Grundverständnis eher am Anfang, die komplexesten Fragen am Ende des Kapitels stehen. Es ist also sinnvoll, die Fragen auch in der gegebenen Reihenfolge zu bearbeiten. Man kann sich aber auch aus dieser Sammlung selbst realistische Klausuren zusammenstellen. Denn Zweck dieses Buches ist das Üben für den Ernstfall, die schriftliche Prüfung. Die konsequenteste Form des Übens ist, diesen „Ernstfall" möglichst genau zu simulieren. Dazu können Sie sich aus den 77 Klausuraufgaben 10 verschiedene komplette Klausuren zusammenstellen. Entsprechend der üblichen Struktur der Klausuren sollten das dann sieben Aufgaben sein: ein oder zwei aus den beiden ersten Kapiteln, drei oder vier aus dem Kapitel zur Kosten- und Leistungsrechnung, eine aus dem Kap. 4 Rentabilität. Die seltenen Fragen zu Kap.5 können zum „Auffüllen" genommen werden. wenn man nur eine aus den beiden ersten Kapiteln hat.

Die Antworten zu vielen Fragen sind zweigeteilt: dem Beispiel für die richtige Lösung folgen ergänzende Hinweise zu den Lösungsschritten und Fehlerquellen. Für die Bindung wurde die praktische Form der Spiralbindung (und hier in einer besonders aufwändigen und robusten Ausführung) gewählt, weil es dadurch leicht ist, zwischen den Seiten mit Fragestellung und mit Lösung zu wechseln.

DANKE

Eva Heinz für die schnelle UND sorgfältige Prüfung der Aufgaben und Lösungen im Bereich Finanzbuchhaltung

Johannes Gaßner für die Kontrolle kniffliger Aufgaben

Den aktiven Teilnehmern meiner webinare, ohne die ich gar nicht wüsste, worauf es hier ankommt

Ein kollegialer Gruß an alle Dozentinnen und Dozenten: Sie können gerne zum Einsatz in Ihren Kursen Fragen aus diesem Buch und die entsprechenden Lösungshinweise verwenden. Als kleine Gegenleistung für die gesparte Vorbereitungszeit wäre dafür eine empfehlende Quellenangabe nett. Denn dass es empfehlenswert ist, beweist ja dann schon die Verwendung.

Frankfurt, 10. Aug. 2017 *Reinhard Fresow*

PS: Danke an alle, die mich diskret auf die Fehler in der 1.Auflage hingewiesen haben!

1. Grundlegende Aspekte des Rechnungswesens

Aufgabe 1

Am Einführungstag für die neuen Auszubildenden werden die verschiedenen Stationen vorgestellt; im Bereich Rechnungswesen sollen die Auszubildenden 3 Monate in der Finanzbuchhaltung und 2 Monate in der Kosten- und Leistungsrechnung ausgebildet werden.
Erklären sie die Unterschiede zwischen den beiden Funktionsbereichen anhand von drei verschiedenen Merkmalen.

Aufgabe 2

Das HGB regelt die Grundsätze, die für eine ordnungsmäßige Buchführung gelten.
a) Nennen Sie das Prinzip, auf dem diese Grundsätze beruhen.
b) Nennen und erläutern Sie drei dieser Grundsätze.

Aufgabe 3

Für die Erstellung der Bilanz sind eine Reihe von Grundsätzen zu beachten, die das Handelsgesetzbuch vorschreibt.

Nennen und erläutern Sie drei dieser Grundsätze.

Aufgabe 4

Bei der Buchführungspflicht verweist das Steuerrecht in der Abgabenordnung auf das Handelsrecht, stellt jedoch ergänzend auch eigene Kriterien auf. Entscheiden Sie in den folgenden Fällen, ob eine Buchführungspflicht vorliegt und wenn ja, ob nach Handelsrecht, nach Steuerrecht oder nach beidem.

Herr Bader fristet sein Dasein als Dozent. Da seine Frau aber ganz gut verdient, reicht ihm das aus.		
Frau Matzke hat mit einer Freundin einen Schönheitssalon als GmbH gegründet. Im ersten Jahr haben Sie keinen Gewinn erzielt.		
Herr Barsch veröffentlicht im Selbstverlag Romane über SM-Praktiken bei Vampiren. Seit drei Jahren erzielt er regelmäßg einen Umsatz zwischen 480 T€ und 570 T€.		
Frau von Grumlingen führt den von ihrer Mutter übernommenen Ponyhof. Der Umsatz stagniert seit Jahren bei ca. 500 T€, doch konnte sie den Gewinn von 58 T€ über 62 T€ auf zuletzt 65 T€ erhöhen.		

Aufgabe 5

Die Burgwart GmbH hat überschüssige Liquidität am 13. Mai 2015 in 3.000 Aktien der Diesel AG zum Kurs von 227,-€ angelegt. Die Courtage der Bank betrug 0,3%. Zum Bilanzstichtag 31.12.2017 notiert die Aktie nur noch mit 133,75 €.

a) Nennen und begründen Sie den Wertansatz in der Bilanz.

b) Welcher Wertansatz wäre vorzunehmen, wenn die erwartete Kurssteigerung auf 245,- € eingetreten wäre?

Aufgabe 6

Bei den vorbereitenden Arbeiten für den Jahresabschluss der Spessart-Schreinerei GmbH haben sich einige Zweifelsfälle ergeben, die Ihnen zur Stellungnahme vorgelegt werden. Beurteilen und begründen Sie, ob die vorgeschlagenen Vorgehensweisen mit den Grundsätzen einer ordnungsmäßigen Bilanzierung vereinbar sind und ob die Bewertungsvorschriften eingehalten wurden.

a) Aus drei verschiedenen Aufträgen sind im laufenden Geschäftsjahr jeweils mehrere zu unterschiedlichen Preisen eingekaufte Platten Buchenholz übriggeblieben, die als ein Posten gewertet werden sollen.

b) In der Schlussbilanz des Vorjahres war, wie sich erst später herausstellte, ein Posten Rohlinge aus Lindenholz versehentlich zu niedrig bewertet worden. Der Einfachheit halber soll dieser Fehler durch einen höheren Wertansatz in der Eröffnungsbilanz korrigiert werden.

c) Die Guthaben der Geschäftskonten bei der örtlichen Sparkasse, der Raiffeisenbank und einer Privatbank sollen zu einem Posten „Guthaben bei Kreditinstituten" zusammengefasst werden.

d) Eine am 4. Oktober bezahlte Versicherungsprämie für den Versicherungszeitraum vom 1. Oktober 2016 bis 30. September 2017 soll beim Jahresabschluss nicht berücksichtigt werden, weil sie überwiegend in das neue Geschäftsjahr fällt.

Aufgabe 7

Die Inventur am Ende des Geschäftsjahres ergab, dass die Spessart-Schreinerei noch 50 Festmeter Fichtenholz auf Lager hat, das zum Preis von 38,- € / Festmeter gekauft wurde. Der Marktpreis beträgt aktuell 41,50 €.

a) Bestimmen Sie den Wertansatz in der Bilanz.

b) Erläutern Sie, wie bei einem unter den Einkaufspreis liegenden Tageswert zu verfahren wäre und nennen Sie die bei der Bewertung zu beachtenden Prinzipien.

Aufgabe 8 – Jahresabschluss

Im Programm der Einführungswoche für die Auszubildenden sind zu jeder Ausbildungsstation Einführungen vorgesehen, in denen Struktur und Aufgaben der betreffenden Abteilungen erläutert werden sollen. Erklären Sie in diesem Zusammenhang für die Finanzbuchhaltung zum Stichwort „Jahresabschluss" den Unterschied zwischen den Bestandteilen „GuV" und „Bilanz" anhand von je vier Merkmalen.

Aufgabe 9 - Vorsichtsprinzip

Bei der Bilanzierung gilt für die Berücksichtigung von Gewinnen und von Verlusten jeweils ein bestimmtes Prinzip.

Nennen und erläutern Sie die beiden Prinzipien und erklären Sie auch, welchem Zweck das übergeordnete Vorsichtsprinzip dient.

Aufgabe 10 – Bewertungsgrundsätze

Ein Unternehmen hat sich an einem Zulieferunternehmen durch den Ankauf von 25.000 Aktien beteiligt und dabei Ordergebühren von 1,5% bezahlt. Erworben wurde das Aktienpaket zu einem Tageskurs von 21,80 € je Aktie. Der Kurs ist an der Börse inzwischen auf einen Tageswert von 23,40 € gestiegen. Ermitteln Sie den zu bilanzierenden Wert.

2. Finanzbuchhaltung

Aufgabe 11

In Abgrenzung zur Kosten- und Leistungsrechnung wird die Finanzbuchhaltung auch „externes Rechnungswesen“ genannt.
Beschreiben Sie drei verschiedene externe Adressaten und deren Interesse an diesen Daten.

Aufgabe 12

Nennen Sie vier verschiedene „Bücher“ der Finanzbuchhaltung und erläutern Sie deren Bedeutung.

Aufgabe 13

In der Itzi-Titzi-Bademoden-GmbH endet das Geschäftsjahr mit dem Kalenderjahr. Bisher wurde die Inventur an drei Tagen zwischen dem 27. Dez. und 5. Jan. vorgenommen. Durch personelle Veränderungen sowie eine für diesen Zeitraum geplante Weltreise der Inhaberfamilie wird das in diesem Jahr jedoch nicht möglich sein.

a) Prüfen Sie, ob das bisherige Vorgehen rechtlich korrekt war.
b) Zeigen Sie eine Alternative für die Inventur unter Beibehaltung des Geschäftsjahres.
c) Erläutern Sie je zwei Vor- und Nachteile der von Ihnen vorgeschlagenen Vorgehensweise gegenüber der bisherigen Praxis.

Aufgabe 14

Erstellen Sie aus den nachfolgenden Daten eine den gesetzlichen Vorschriften entsprechende Bilanz.

Forderungen aus Lieferungen	55.000
Kassenbestand	2.750
Betriebs- und Geschäftsausstattung	73.000
Fuhrpark	104.550
Gebäude	565.000
Bankdarlehen	221.300
Unfertige Erzeugnisse	48.000
Handelswaren	57.000
Bankguthaben	23.000
Verbindlichkeiten aus Lieferungen	61.000

Aufgabe 15

Erstellen Sie aus den nachfolgenden Daten eine nach Mittelverwendung und Mittelherkunft gegliederte vollständige Bilanz; beachten Sie bei den Positionen der Mittelverwendung die Reihenfolge.

Verbindlichkeiten aus Lieferungen	156.000
Kassenbestand	2.250
Geschäftsausstattung	75.000
Rohstoffe	44.540
Gebäude	825.000
Bankdarlehen	112.000
Unfertige Erzeugnisse	23.000
Maschinen	450.000
Bankguthaben	48.000
Forderungen aus Lieferungen	158.000

Aufgabe 16

Sie führen die Auszubildenden im 1. Lehrjahr in die Grundbegriffe des Jahresabschlusses ein. Erklären Sie dabei:
a) die Abgrenzung zwischen Anlage- und Umlaufvermögen;
b) den Unterschied zwischen Rückstellungen und Rücklagen.

Aufgabe 17

Fügen Sie in der folgenden Bilanz an den richtigen Positionen ein: Geschäftsausstattung; Hilfsstoffe; Forderungen.

Aktiva		Passiva	
I. Anlagevermögen		I. Eigenkapital	
1. Grundstücke und Gebäude			
2. Maschinen		II. Schulden	
3.		1. Hypotheken	
II. Umlaufvermögen		2. Darlehen	
1. Rohstoffe		3. Verbindlichkeiten aus Lieferungen und Leistungen	
2.			
3. Betriebsstoffe			
4. Unfertige Erzeugnisse			
5. Fertige Erzeugnisse			
6.			
7. Kassenbestand			
8. Bankguthaben			
Summe Aktiva		Summe Passiva	

Aufgabe 18

Beschreiben Sie zu den Begriffen
-Aktivtausch;
-Passivtausch;
-Aktiv-Passiv-Mehrung;
-Aktiv-Passiv-Minderung
jeweils ein konkretes Beispiel.

Aufgabe 19

Tragen Sie bei den folgenden Geschäftsfällen die Kennziffer der Bilanzveränderung ein, um die es sich handelt.

(1 = Aktivtausch; 2 = Passivtausch; 3 = Altiv-Passiv-Mehrung; 4 = Aktiv-Passiv-Minderung)

Zahlungseingang der Einlage eines neuen Gesellschafters	
Kauf eines PC auf Rechnung	
Überweisung einer Lieferantenrechnung	
Zahlungseingang einer Ausgangsrechnung	
Einzahlung von Kassenbestand auf Bank	
Barverkauf eines Restpostens Rohstoffe	
Überweisung der Tilgungsrate auf einen Bankkredit	

Aufgabe 20

a) Auf welcher Art von Konten werden die folgenden Positionen erfasst, Bestandskonten (B) oder Erfolgskonten (E)

- Geschäftsausstattung:
- Versicherungsprämien:
- Materialaufwand:
- Kassenbestand
- Gehälter:
- Halbfertigprodukte:
- Umsatzerlöse.

b) Wie werden Bestandskonten und wie Erfolgskonten für den Jahresabschluss abgeschlossen?

3. Kosten- und Leistungsrechnung

Abgrenzungen

Aufgabe 21

a) Beschreiben Sie drei Hauptaufgaben der Kosten- und Leistungsrechnung.

b) Definieren Sie die drei Teilbereiche der Kosten- und Leistungsrechnung.

Aufgabe 22

Nennen Sie jeweils ein geeignetes betriebliches Beispiel für
a) betriebsfremde Erträge,
b) außerordentliche betriebliche Aufwendungen,
c) außerordentliche betriebliche Erträge,
d) periodenfremde Aufwendungen,
e) betriebsfremde Aufwendungen,
f) Zusatzkosten.

Aufgabe 23

In der Kostenrechnung werden verschiedene Kosten als „kalkulatorische“ bezeichnet.

Erläutern Sie die Bedeutung dieses Zusatzes und nennen Sie drei Beispiele für „kalkulatorische Kosten“.

Aufgabe 24

Für die Abschreibungen gelten in der Finanzbuchhaltung verschiedene Vorschriften. In der Kostenrechnung werden jedoch normalerweise andere Abschreibungsbeträge angesetzt.

Erläutern Sie, woran sich der Ansatz für die Höhe der Abschreibungen in der Kostenrechnung orientiert.

Aufgabe 25

Sie haben die Aufgabe erhalten, das Betriebsergebnis für den Vormonat März zu ermitteln. Dafür beurteilen Sie die folgenden Geschäftsfälle der Finanzbuchhaltung aus diesem Monat nach der Höhe ihrer Auswirkung auf das Betriebsergebnis (ohne Auswirkung = 0).

1. Auszahlung von 42.000 € Prämien für das Vorjahr.
2. Im Januar gekaufte Rohstoffe werden verarbeitet (Einkaufswert: 12.500 €).
3. Austausch einer Kupplung an einer Verpackungsmaschine, 980,- €

Aufgabe 26

Geben Sie für die nachstehend aufgeführten Geschäftsfälle an, in welcher Höhe
- Einzahlungen,
- Einnahmen,
- neutrale Erträge
- Leistungen

vorliegen (nicht zutreffende = 0)

Geschäftsfall	**Ein-zahlung**	**Ein-nahme**		**Neutraler Ertrag**	**Leistung**
Mitgliedsbeitrag IHK: 4.800 €					
Verkauf von Rest-beständen zum Buchwert 800,- € auf Ziel					
Dividende aus Be-teiligung: 11.200 €					
Verkauf von eige-nen Erzeugnissen auf Ziel; 23.000 €					
Verkauf eines Kfz, Restbuchwert 4.200 € bar für 4.500 €					

Aufgabe 27

In sechs Filialen wurden für den Verkauf neue EC-Kartenleser angeschafft. Sie stellen fest, dass Ihre Kostenstelle im Jahr mit 20% der Anschaffungskosten belastet wird, obwohl bilanziell eine Nutzungsdauer von 8 Jahren angesetzt wurde.
Erklären Sie diesen Unterschied hinsichtlich der Nutzungsdauer.

Aufgabe 28

Im Rahmen einer freiwilligen Abschlussprüfung Ihres Unternehmens weist der Wirtschaftsprüfer darauf hin, dass im geprüften Geschäftsjahr eingetretene Forderungsausfälle in der internen Kostenrechnung nicht ausreichend berücksichtigt wurden. Um dem abzuhelfen, wollen Sie künftig auf Grundlage des gleitenden Mittelwertes aus drei Jahren diese Wagniskosten berechnen.

Dazu liegen Ihnen folgende Daten vor:

Jahr	Forderungsbestand Durchschnitt	Forderungsausfälle
2014	76.000 €	1.760 €
2015	79.000 €	1.980 €
2016	85.000 €	2,260 €

Für 2017 erwarten Sie einen durchschnittlichen Forderungsbestand von 90.000 €

Aufgabe 29 - Kostenarten – Gliederung

Das traditionelle Hauptprodukt der Schreinerei, in der Sie arbeiten, ist ein Küchenstuhl aus Massivholz, der ebenso traditionell dem Handel zum glatten Preis von 20,- € angeboten wird. Die auf 4,47 € / Stuhl gestiegenen Materialkosten bei einer auf 3.600 Stück gestiegenen Absatzmenge legen jedoch den Verdacht nahe, dass die zugrundeliegende Kalkulation überprüft werden muss. Dazu liegen Ihnen die folgenden Daten vor:

Fertigungsstufe	Zuschnitt	Montage	Finish
Kosten der Stufe	12.400 €	17.800 €	6.400 €
Menge	4.260	3.900	3.830

Rechnen Sie mit zwei Nachkommastellen und berücksichtigen Sie zur Ermittlung der Selbstkosten Verwaltungs- und Vertriebsgemeinkosten von 8.600 €.

BAB und Zuschlagskalkulation

Aufgabe 30

Für die Vorbereitung der Auszubildenden auf die Prüfung erstellen Sie Folien mit Stichworten zur Unterstützung Ihrer Präsentation zum Thema „Betriebsabrechnungsbogen".

a) Skizzieren Sie in Stichworten Bedeutung und Aufgabe des BAB in der Kostenrechnung

b) Erstellen Sie auch eine Folie, die den Unterschied zwischen Haupt- und Hilfskostenstellen knapp erklärt.

Aufgabe 31

Ihnen werden die folgenden aggregierten Daten vorgelegt:
Fertigungsmaterial 180.000
Fertigungslöhne 75.000
Gemeinkosten für:
- Material 27.000
- Fertigung 105.000
- Verwaltung 34.830
- Vertrieb 42.570

a) Erstellen Sie aus diesen Daten einen Betriebsabrechnungsbogen.

b) Errechnen Sie die Zuschlagsätze für die Hauptkostenstellen.

Aufgabe 32

a)
Ein Unternehmen hat folgende Ist-Gemeinkosten festgestellt:
-Material 276.000;
-Fertigung 790.000;
-Verwaltung 368.320;
-Vertrieb 253.220.
Erstellen Sie den BAB mit Angabe der Ist-Zuschlagsätze, wenn die Fertigungslöhne 316.000 betrugen und die Materialeinzelkosten 920.000.

b)
Kalkulieren Sie mit den unter a) ermittelten Zuschlagsätzen den Gewinn in %, wenn bei einem Netto-Verkaufspreis (NVP) von 980,-€, von dem 15% Rabatt und 3% Skonto abgehen, folgende Einzelkosten kalkuliert werden:
-Material 240,-€
-Löhne 72,-€
-Spezialverpackung 5,72 €.

Aufgabe 33 - Betriebsabrechnungsbogen

Sie haben die Aufgabe, den folgenden unvollständigen Betriebsabrechnungsbogen fertigzustellen.
Für die Umlage der Heizkosten sollen die Flächen zugrunde gelegt werden:
Material 400 m^2
Fertigung 900 m^2
Verwaltung 400 m^2
Vertrieb 300 m^2
Für die Abschreibungen gilt ein Verhältnis von 6 : 30 : 10 : 2 für die vier Hauptkostenstellen.

Ermitteln Sie auch die Zuschlagsätze.

Kostenart	**Σ Gk**	**Material**	**Fertigung**	**Verw.**	**Vertrieb**
Gehälter	?	3.600	12.000	26.582	9.950
Heiz-K.	3.600	?	?	?	?
Abschr.	14.400	?	?	?	?
Sonstige	25.898	3.560	11.700	?	4.640
Σ	?	?	?	?	?
Basis		48.400	28.600	?	?
Z.-Satz		?	?	?	?

Aufgabe 34

Für die Erstellung eines Angebots über 240 Stühle sollen Sie die Selbstkosten pro Stuhl aus folgenden Daten errechnen:
Fertigungsmaterial 8,- €
Material-Gemeinkosten 40%
Fertigungslöhne gesamt 3.480 €
Fertigungs-Gemeinkosten 150%
Verwaltungs- und Vertriebs-Gemeinkosten 20%.
Die Anfertigung eines Modells verursachte Kosten von 48,- €.

Aufgabe 35

Ihr Kollege bittet Sie um Hilfe bei einer Zuschlagskalkulation. Ihm liegen die folgenden Daten vor:
Fertigungsmaterial 600,- €
Material-Gemeinkosten 35%
Fertigungslöhne 1.450 €
Fertigungs-Gemeinkosten 170%
Verwaltungs- und Vertriebs-Gemeinkosten 25%

Ihm fehlt jedoch die Information über die für eine Konstruktionszeichnung entstandenen Kosten. Bekannt ist der Barverkaufspreis von 6.854,40 bei 12% Gewinnzuschlagssatz. Beweisen Sie, dass ausreichend Daten vorhanden sind, um sich die fehlende Information zu erschließen.

Aufgabe 36 - Zuschlagsätze

Für die Erstellung eines Angebots liegen Ihnen folgende Daten vor:
Fertigungsmaterial 650,- €
Material-Gemeinkosten 18%
Fertigungslöhne 250 €
Fertigungs-Gemeinkosten 210%
Verwaltungs- und Vertriebs-Gemeinkosten 25%
Hinzu kommen Versandkosten von jeweils 7,50 €. Vorgabe ist ein Gewinnzuschlag von 10%.
Zu welchem Preis bieten Sie an, wenn 2% Skonto eingeräumt werden und bei Annahme eine Provision von 8% fällig wird?

Aufgabe 37 - Zuschlagskalkulation

Sie arbeiten sich in Ihr neues Aufgabengebiet in der Kalkulation ein, indem Sie vorgefundene Aufträge und dazu erstellte Kalkulationen nachvollziehen. Im folgenden Fall sind die Unterlagen offenbar nicht korrekt. Der Ihnen bekannte Fertigungsgemeinkostenzuschlag von 190% führt jedenfalls zu abweichenden Ergebnissen. Rekonstruieren Sie, mit welchem Zuschlag bei der Kalkulation mit den folgenden Daten gerechnet wurde:
Fertigungsmaterial 600,- €
Material-Gemeinkosten 35%
Fertigungslöhne 1.460 €
Sondereinzelkosten der Fertigung 229 €
Verwaltungs- und Vertriebs-Gemeinkosten 20%
Versandkosten 10 €. Vorgabe ist ein Gewinnzuschlag von 10%.
Der Barverkaufspreis wurde mit 6.875 € berechnet.

Aufgabe 38 - Zuschlagskalkulation

Für die Erstellung eines Angebots über 600 Stück liegen Ihnen folgende Daten vor:
Fertigungsmaterial 78,- €
Material-Gemeinkosten 35%
Fertigungs-Gemeinkosten 250%
Verwaltungs- und Vertriebs-Gemeinkosten 22%.
Hinzu kommen die Kosten für ein Modell in Höhe von 3.600 € und Versandkosten von 5,71€/Stück. Vorgabe ist ein Gewinnzuschlag von 12%.

Zu welchem Preis bieten Sie an, wenn die Fertigung insgesamt 480 Stunden bei einem Stundenlohn von 24,80 € erfordert?

Aufgabe 39 - Zuschlagskalkulation

Ein Kunde fordert ein Angebot an für 600 Spezialteile. Eine zur Durchführung des Auftrags erforderliche Zusatzeinrichtung würde Ihnen der Hersteller zu einem einmaligen Pauschalpreis von 2.400 € zur Verfügung stellen. Der Spezialtransport wird Ihnen von einer Spedition zum Preis von 2.480 € angeboten. Angeboten werden soll mit Skontierungsmöglichkeit von 3%. Der Kunde hat eine Rabattvereinbarung über 10%.

Von der Fertigungsplanung erhalten Sie folgende Daten für Ihre Kalkulation:
Materialkosten: 4.800 €; Materialgemeinkosten 12,5%
Fertigungslöhne 3.600 €, Fertigungsgemeinkosten 180%.
Verwaltungs- und Vertriebsgemeinkosten 20%.
Sie kalkulieren mit 15% Gewinnzuschlag.

Maschinenstundensatz

Aufgabe 40

Das Controlling möchte die in Ihrem Unternehmen bisher übliche einfache Zuschlagskalkulation für die Berechnung von Angebotspreisen verbessern durch die Errmittlung von Maschinenstundensätzen.
a) Erklären Sie, warum die einfache Zuschlagskalkulation ungenau ist, und über welchen Berechnungsfaktor sich diese Ungenaugkeit vor allem auswirkt.

b) Erläutern Sie das Vorgehen zur Ermittlung eines Maschinenstundensatzes.

Aufgabe 41

Für eine neue Maschine soll vorab ermittelt werden, mit welchem Maschinenstundensatz ihr Einsatz in der Zuschlagskalkulation berücksichtigt werden müsste. Dazu liegen Ihnen folgende Daten vor:
Anschaffungskosten 648.000 €; kalk. Zinssatz 6%
Nutzungsdauer 7 Jahre
Restwert 88.000 €
Einsatzzeit pro Jahr   3.200 Std.
Platzbedarf 24 m^2
Energieverbrauch 12,0 kW/h
Die Instandhaltungskosten werden mit einem Satz von 8% auf die Anschaffungskosten angesetzt.

Ermitteln Sie nachvollziehbar den Maschinenstundensatz.

Aufgabe 42

Für eine einfache Preiskalkulation liegen Ihnen die folgenden Daten pro Stück vor:
Fertigungsmaterial 64,- €
Material-Gemeinkosten 35%
Fertigungslöhne 25€/Std.
Bearbeitungszeit 24 Min.
Restfertigungs-Gemeinkosten 80%
Verwaltungs- und Vertriebs-Gemeinkosten 20%

Der Maschinenstundensatz ergibt sich aus den folgenden Werten:
Anschaffungskosten 816.000 €; 8 Jahre Nutzungsdauer
Kalkulatorische Zinsen: 5%
Platzbedarf $28m^2$; kalk. Miete pro Monat 12,- € / m^2
Energieverbrauch 14 kW/h; 1 kW/h = 3,50 €
Instandhaltungskosten monatlich 3.800 €
Laufzeit pro Jahr: 3.200 Std.

Berechnen Sie die Selbstkosten.

Äquivalenzziffern

Aufgabe 43

Ein Hersteller von Fahrrad-Zubehör hat vier Varianten von Sattelstützen in seinem Programm mit unterschiedlichen Einzelkosten:
S = 4.400 €
M = 5.800 €
L = 7.250 €
XL = 2.200 €
Die Gemeinkosten von insgesamt 38.025 € sollen mithilfe von Äquivalenzziffern (ÄZ) umgelegt werden.
Berechnen Sie tabellarisch die Selbstkosten pro Sorte und pro Stück.

Typ	Menge	ÄZ	RE	Gk/Typ	Sk/Typ	Sk/St.
S	2.000	0,7				
M;	2.500	0,9				
L	2.800	1,0				
XL	800	2,5				

Aufgabe 44

In einer Schreinerei werden Truhen aus Massivholz in drei verschiedenen Größen hergestellt. Die Verteilung der Gesamtkosten von 203.125 € erfolgt nach dem Volumen, von dem der Typ „Duo“ 50% mehr hat als der Typ „Single“ und der Typ „Family“ wiederum 40% mehr als „Duo“.
Ermitteln Sie die Äquivalenzziffern (Äz) und die Selbstkosten (Sk) je Typ und je Stück in der folgenden Tabelle:

Typ	Menge	Äz	RE	Sk/Typ	Sk/St
Duo	3.000				
SIngle	6.500				
Fam.	2.500				

Aufgabe 45

Zu der Großschreinerei, in der Sie in der Kostenrechnung tätig sind, gehört auch ein Sägewerk, in dem Bretter für die Möbelindustrie gefertigt werden. Geliefert wird für die Weiterverarbeitung im Standardmaß von 2,50 x 0,80 cm, jedoch in unterschiedlichen Stärken (in Klammern die jeweiligen Produktionsmengen in Stück) von:
30 mm 1.800
25 mm 3.600
18 mm 4.200
15 mm 2400
12 mm 3.000
Einerseits sinken zwar die Materialkosten mit abnehmender Stärke, andererseits steigt jedoch bei dünneren Brettern der Ausschuss. Bezogen auf die 18mm starke Sorte ergeben sich deshalb bei 15mm um 10%, bei 12 mm sogar um 25% höhere Kosten. Die dickeren Sorten verursachen wegen des Materialverbrauchs höhere Kosten von 20% bei 25mmm und von 40% bei 30 mm

Ermitteln Sie bei Gesamtkosten von 122.010,- € die Fertigungskosten je Einheit für die verschiedenen Sorten.

Handelskalkulation

Aufgabe 46

Ein Lieferant bietet einen Restposten zu einem Pauschalpreis von 250,- € / Stück an mit einem zusätzlichen Sonderrabatt von 15% aber ohne Skonto. Hinzu kämen Bezugskosten von 4,90 / Stück.
Prüfen Sie, ob sich das Angebot für Sie lohnt, wenn Sie wie sonst auch mit 40% Handlungskosten kalkulieren und einen am Wettbewerb orientierten Verkaufspreis von 349,86 € ohne MWSt voraussetzen.

Aufgabe 47

Ein Lieferant bietet einen Restposten zu einem Pauschalpreis von 250,- € / Stück an mit einem zusätzlichen Sonderrabatt von 15% und 2% Skonto. Hinzu kämen Bezugskosten von 2,75 / Stück. Sie kalkulieren mit 30% Handlungskosten.
Berechnen Sie Handelsspanne und Kalkulationszuschlag bei einem Bruttoverkaufspreis an Endverbraucher von 476,- €

Aufgabe 48

In einem Fachgeschäft fallen monatlich folgende Kosten an:

Wareneinsatz	140.000
Miete	9.000
Gehälter	19.000
Verwaltung	6.000
sonstige Kosten	8.000

a) Berechnen Sie den anzuwendenden Zuschlagssatz für Handlungskosten.

b) Ermitteln Sie mit diesem Satz den Bruttoverkaufspreis für eine Ware, von der 75 Stück zu folgenden Konditionen bezogen werden:

- Listenpreis/Stück	148,- €
- Rabatt	10 %
- Skonto	3 %
- Bezugskosten gesamt	337,50.

Kalkuliert werden soll mit 20% Gewinn.

Aufgabe 49

Sie nehmen zur Abrundung Ihres Angebots eine Ware aus Fremdbezug in Ihr Verkaufsprogramm auf. Auf den Bezugspreis von 150,- € erhalten Sie 12,5% und eine Skontierungsmöglichkeit von 3%. Hinzu kommen Bezugskosten von 2,70 € / Stück. Sie kalkulieren für Ihre Gemeinkosten Handlungskosten von 30% ein und wollen mindestens 10% Gewinn mit der Ware erzielen.
Der Verkaufsleiter schlägt einen Listenverkaufspreis von 224,50 € (ohne MWSt) vor sowie einen Stammkundenrabatt von 10%. Dabei wirft er die Frage auf, ob er den Verkäufern hier auch 10% Provision auf den Zielverkaufspreis ausloben kann oder ob ein anderer Provisionssatz angewendet werden soll.

Aufgabe 50

Eine Freundin, die ein Nagel-Studio betreibt, bittet Sie um Hilfe bei der Frage, ob sie ihren Kundinnen ein Luxus-Maniküre-Set anbieten soll. Angeboten wurde es ihr zu folgenden Konditionen:

-Listenpreis 27,50 €
-Rabatt: 10%
-Skonto: 2 %
-Versandkosten pauschal pro Einheit 1,45 €

Sie hält einen Endverkaufspreis von 48,-€ für realistisch, wobei sie jedoch Stammkunden auf diesen Preis 10% Rabatt geben möchte.

Ermitteln Sie den Gewinnzuschlag bei einem Handlungskostenzuschlag von 40%.

Deckungsbeitrag und Break-even

Aufgabe 51

Für viele betrieblichen Fragestellungen ist der Deckungsbeitrag als Kennziffer von großer Bedeutung.

a) Erklären Sie, was der Stückdeckungsbeitrag aussagt.

b) Beschreiben Sie an einem selbst gewählten Beispiel die Bedeutung dieser Größe für eine unternehmerische Entscheidung.

Aufgabe 52

In der Teilkostenrechnung werden die Kosten in „fixe" und „variable" unterschieden.

a) Erklären Sie den Unterschied zwischen diesen beiden Kostenarten.

b) Nehmen Sie kritisch Stellung zu der Aussage „Solange wir mit allem, was wir machen, positive Deckungsbeiträge erzielen, geht es uns gut."

Aufgabe 53

Aus einer Tochtergesellschaft liegen Ihnen die ersten Daten über das abgelaufene Quartal vor. Danach wurde gerade noch die Gewinnschwelle erreicht. Die variablen Kosten werden mit 750.000 € angegeben; der gesamte Deckungsbeitrag belief sich auf 450.000 €.

a) Errechnen Sie Betriebsergebnis, Fixkosten und erzielten Umsatz.

b) Welche zusätzlichen Informationen brauchen Sie, um auch Stückdeckungsbeitrag und Netto-Verkaufspreis zu ermitteln?

Aufgabe 54

Die Maschendrahtzaun GmbH konnte im letzten Monat 7.500 Rollen verkaufen. Den Umsatzerlösen von 300.000 € standen Kosten von 312.000 €, davon 40% variabel, gegenüber.

a) Erstellen Sie mit diesen Daten die Gesamtkostenfunktion.
b) Berechnen Sie den Nettopreis pro Rolle und die Gewinnschwelle.
c) Erstellen Sie mit den Daten aus a) und b) eine vollständig beschriftete Grafik

Aufgabe 55

In Ihrem Unternehmen wird eine spezielle Halteklemme hergestellt, die für 48 € verkauft wird. Die Kapazität reicht für 6.000 Einheiten im Monat und war im September zu 75% ausgelastet. Im Oktober stieg die Auslastung auf 90%. Gleichzeitig stiegen die Herstellungskosten von 225.420 € auf 248.640.

a) Erstellen Sie die vollständige Kostenfunktion.

b) Ermitteln Sie rechnerisch und grafisch die Gewinnschwelle.

Aufgabe 56

Im Ferienmonat August wurden bei einem Beschäftigungsgrad von nur 65% 5.460 gefederte Sattelstützen für E-Bikes hergestellt, die für 40 € / Stück an Hersteller verkauft werden. Die Gesamtkosten betrugen 225.240 €. Im folgenden Monat zog das Geschäft wieder an und der Beschäftigungsgrad stieg auf 80%; gleichzeitig stiegen die Kosten um 10,4%.
Ermitteln Sie, bei welchem Beschäftigungsgrad die Gewinnschwelle erreicht wird.

Aufgabe 57

Ein Zweigwerk, das auf die Herstellung eines Zubehörteils spezialisiert ist, verfügt über eine Kapazität von 50.000 Stück pro Monat. Im vergangenen Monat wurde bei einer Auslastung von 80% ein Betriebsergebnis von 1.683.000 erreicht bei variablen Kosten von 2.400.000 €. Die Gewinnschwellenmenge ist mit 18.000 Stück bekannt.

a) Ermitteln Sie den erzielten Nettoerlös pro Stück.

b) Wegen der guten Geschäftsaussichten soll die Kapazität um 20% erhöht werden. Damit verbunden ist zwar eine Erhöhung der Fixkosten auf 1.800.000 €, aber die variablen Kosten sinken um 15%. Um die beabsichtigte Erhöhung des Marktanteils zu erreichen, soll der Nettopreis um 10% reduziert werden.

Ermitteln Sie die neue Gewinnschwellenmenge sowie die für das Erreichen des bisherigen Betriebsergebnisses erforderliche Verkaufszahl.

Aufgabe 58

In Ihrem Unternehmen ist die Auslastung der Kapazität von 1800 Stück im vergangenen Monat auf 60 % gesunken. Dem Bruttoverkaufspreis von 22,61 € stehen variable Kosten von 7,45 € / Stück gegenüber.
a) Berechnen Sie den Stückdeckungsbeitrag.
b) Berechnen Sie das Betriebsergebnis bei einem Fixkostensockel von 21.500 €.

Aufgabe 59

Die Handschnitz GmbH bietet Esstische in drei verschiedenen Typen an, zu denen folgende Daten vorliegen:

	Hell	**Natur**	**Dunkel**
Absatz Stück	480	825	760
Umsatz netto	72.000	103.125	100.320
k_{var} / Stück	80	98	82

a)
Berechnen Sie das Betriebsergebnis bei 64.000 € Fixkosten.

b)
Der Typ Hell ist eine Exklusivanfertigung für eine Handelskette. Sie fordert eine Preissenkung von 10%. Die Geschäftsführung will ihrerseits mit dieser Produktgruppe ein betriebsergebnis von mindestens 25.000 € erzielen.
Ermitteln Sie, um welchen Betrag die variablen Stückkosten gedrückt werden müssten, um dieses Ziel zu erreichen.

Aufgabe 60

In Ihrem Unternehmen wird eine spezielle Halteklemme hergestellt, die für 48 € verkauft wird. Die Kapazität von 6.000 Stück ist zu 80% ausgelastet. Von den Gesamtkosten von 206.400 sind 120.000 fix.
a) Berechnen Sie die zur Kostendeckung erforderliche Absatzmenge

b) Die Geschäftsführung strebt für dieses Produkt ein Betriebsergebnis von 24.000 € an. Ermitteln Sie die dafür erforderliche Verkaufszahl.

c) Als Alternative soll das Ziel einer Umsatzrentabilität von 10% geprüft werden. Ermitteln Sie auch hier die erforderliche Verkaufszahl.

Aufgabe 61

Ihnen liegt die folgende unvollständige Aufstellung vor. Ermitteln Sie die fehlenden Daten.

Auslastung	**75 %**	**90 %**
Menge Stück	42.000	
Variable Stückkosten		
Fixkosten	250.000	
Variable Gesamtkosten		477.792
Umsatz		
Deckungsbeitrag DB		
Betriebsergebnis		81.000

Aufgabe 62

Ihnen liegt die folgende unvollständige Aufstellung vor. Ermitteln Sie die fehlenden Daten

Auslastung	**75 %**	**100 %**
Menge Stück	225.000	
Variable Stückkosten		
Fixkosten		1.500.000
Variable Gesamtkosten	1.800.000	
Umsatz		
Deckungsbeitrag DB		
Betriebsergebnis		270.000

Aufgabe 63

Sie haben die Möglichkeit, auf dem Gelände einer Berufsschule einen Kiosk für 360,-€ im Monat zu mieten, um dort in zwei Unterrichtspausen am Vormittag belegte Brötchen zu verkaufen. Der Monat August ist mietfrei; für Dez. und Jan. bezahlen Sie nur die halbe Miete. Bedingung ist, dass die Brötchen nicht mehr als 1,20 € kosten dürfen. Sie könnten die Brötchen zum Stückpreis von 0,12 € beziehen. Die Kosten für den Belag veranschlagen Sie mit 0,24 €.

a) Bei welchem Jahresumsatz erreichen Sie die Gewinnschwelle?

b) Nach dem ersten Geschäftsjahr werten Sie die Erfahrungen aus. Sie haben an den 200 Schultagen im Durchschnitt 120 Brötchen verkauft. Eine derzeit beschäftigungslose Freundin erklärt sich bereit, die Brötchen zu schmieren und zu verkaufen. Es stehen zwei Varianten für ihre Entlohnung zur Auswahl:
1.Sie bekommt pro Einsatztag pauschal 40,-€;
2. Sie erhält pro verkauftem Brötchen eine Beteiligung von 0,30 €.
Berechnen Sie für beide Varianten Ihr Betriebsergebnis.

4. Auswertung der betriebswirtschaftlichen Zahlen

Kennzahlen

Aufgabe 64

Für die Beurteilung der wirtschaftlichen Situation eines Unternehmens sind die Kennzahlen Eigenkapital-Rentabilität, Gesamtkapital-Rentabilität und Umsatz-Rentabilität von großer Bedeutung.
Erklären Sie für jeden der drei Begriffe,
a) wie die Kennzahl errechnet wird;
b) was sie aussagt
c) und wie hoch die Kennzahl sein sollte.

Aufgabe 65

Vor einem Vertragsabschluss über eine längerfristige Geschäftsbeziehung beschäftigen Sie sich mit den wirtschaftlichen Eckdaten des Partners. Aus dem Geschäftsbericht und den letzten beiden Bilanzen entnehmen Sie, dass das Eigenkapital von 254.000 auf 289.000 gestiegen ist. Im vergangenen Geschäftsjahr wurde von einem neuen Gesellschafter eine Einlage von 50.000 € eingebracht. Die Bilanzsumme stieg auf nunmehr 842.000 e.
Ermitteln Sie Jahresüberschuss und Verschuldungskoeffizienten und bewerten Sie das Ergebnis.

Aufgabe 66

Aus einer vereinfachten Strukturbilanz einer Unternehmung sind die nachfolgenden Werte ersichtlich:

Aktiva		Passiva	
Anlageverm.	60.000	Eigenkapital	55.000
Umlaufverm.	40.000	Hypotheken	45.000
Summe	100.000		100.000

a) Ermitteln Sie die Kennzahlen Anlagenintensität, Arbeitsintensität und Eigenkapitalquote.

b) Beurteilen Sie welche Vorteile eine hohe Eigenkapitalquote für das Unternehmen im Allgemeinen hat.

c) Durch welche Maßnahmen ließe sich die Eigenkapitalquote positiv beeinflussen?

Rentabilität

Aufgabe 67

Die Geschäftsführung erwägt, einem regionalen Wettbewerber ein Übernahmeangebot zu machen. Sie erhalten zur Analyse die folgenden Eckdaten der Bilanz:
- Anlagevermögen 210.000
- Umlaufvermögen 213.000
- Eigenkapital 175.000 €
- langfristiges Fremdkapital 112.000 €
- kurzfristiges Fremdkapital 136.000 €

Aus der GuV entnehmen Sie, dass bei Umsatzerlösen von 498.000 € ein Jahresüberschuss von 27.340 € erzielt und 13.350 € an Zinsen für Fremdkapital gezahlt wurde.

a) Ermitteln Sie die Anlagendeckung 1. und 2. Grades und beurteilen Sie das Ergebnis.
b) Berechnen Sie die Rentabilität von Umsatz, Eigenkapital und Gesamtkapital.

Aufgabe 68

Von Ihrem für die Auszubildenden zuständigen Kollegen wurden Sie gebeten, im Rahmen der Vorbereitung auf die Abschlussprüfung als Industriekaufmann den Auszubildenden für Verständnisfragen zum Thema Bilanz und Jahresabschluss als Fachmann auf diesem Gebiet zur Verfügung zu stehen. Eine Auszubildende sagt, dass sie zwar mit dem Thema eigentlich ganz gut klar gekommen sei, aber eine Sache finde sie völlig unlogisch und sei ihr in der Berufsschule auch nie verständlich erklärt worden: wieso erhöht sich denn die Rentabilität, wenn wir in der Bilanz einen höheren Anteil Fremdkapital haben, für das wir ja schließlich Zinsen zahlen müssen?

Erklären Sie es!

Aufgabe 69

Ihr Unternehmen prüft eine Erweiterung der Kapazitäten. Zur Entscheidung steht eine Investition von 400.000 €, von denen 250.000 € aus eigenen Mitteln aufgebracht werden könnten. Zur Fremdfinanzierung liegt Ihnen ein Angebot mit 6 % Zinsen vor. Der durch die gesamte Investition erwartete Gewinn beträgt 30.000 €.

a) Berechnen Sie für diese Daten die Rentabilität sowohl des Eigenkapitals als auch der gesamten Investition.

b) Berechnen Sie die gleichen Werte auch unter der Voraussetzung, dass 50.000 € weniger aus eigenen Mitteln investiert werden.

Aufgabe 70

Die Investition in einen zusätzlichen Produktionsstandort wird mit einer erforderlichen Summe von 5 Millionen € veranschlagt. Ein Kapitalgeber wäre bereit, 2 Millionen für 6 % Zinsen zur Verfügung zu stellen.

a) Berechnen Sie Eigen- und Gesamtkapital-Rentabilität unter der Annahme, dass über die Zinsen für das Fremdkapital hin-

aus 270.000 € Gewinn erzielt werden.
b) Der Kapitalgeber macht Ihnen das Angebot, seinen Kredit um 500.000 € zu erhöhen und würde den Zinssatz für die gesamte Kreditsumme dafür um einen halben Prozentpunkt reduzieren. Berechnen Sie auch mit diesen geänderten Daten Eigen- und Gesamtkapital-Rentabilität.

Aufgabe 71

Das Unternehmen hat im vergangenen Jahr mit 196.000 € Eigenkapital einen Gewinn von 24.800 € erzielt. Für Fremdkapital wurden 10.800 € Zinsen gezahlt. Der Umsatz betrug 498.000 €.

Berechnen Sie
a) Umsatzrentabilität
b) Eigenkapitalrentabilität
c) Gesamtkapitalrentabilität

Aufgabe 72

Die Ihnen zur Verfügung stehenden Unterlagen sind nicht ganz vollständig; ermitteln Sie aus den folgenden Daten die fehlenden Informationen über die Höhe des Eigenkapitals und die Gesamtkapital-Rentabilität.
Gewinn 25.800
Zinsen Fremdkapital 13.640
Umsatz 498.000
Zinssatz 5,5%
Eigenkapital-Rentabilität 15%.

Aufgabe 73

Die Ihnen zur Verfügung stehenden Unterlagen sind nicht ganz vollständig; ermitteln Sie aus den folgenden Daten die fehlenden Informationen über die Höhe des Eigenkapitals, den Umsatz, den Fremdkapital-Zinssatz und die Gesamtkapital-Rentabilität.

Gewinn 27.340

Zinsen Fremdkapital 13.350

Fremdkapital 248.000

Umsatzrentabilität 5,5%

Eigenkapital-Rentabilität 15,6%.

Aufgabe 74

Ihnen liegen die letzten beiden Bilanzen eines Unternehmens vor mit folgenden aggregierten Daten:

Jahr 1

Anlagevermögen 116.550

Umlaufvermögen 47.250

Langfristiges Fremdkapital 94.500

Verbindlichkeiten 18.450

Jahr 2

Anlagevermögen 124.550

Umlaufvermögen 45.450

Langfristiges Fremdkapital 98.500

Verbindlichkeiten 16.500

Der Inhaber hat monatlich 1.200 € entnommen. Aus dem Geschäftsbericht geht außerdem hervor, dass ein neuer stiller Gesellschafter 5.000 € eingelegt hat.

Ermitteln Sie die Eigenkapitalrentabilität.

Aufgabe 75

Die Investition in einen zusätzlichen Produktionsstandort wird mit einer erforderlichen Summe von 6 Millionen € veranschlagt. Ihre Hausbank hat angeboten, 2 Millionen € für 6 % Zinsen zur Verfügung zu stellen. Die Gesellschafter fordern eine Mindestrentabilität des Eigenkapitals von 9%.

a) Berechnen Sie, wie hoch der Gewinn aus dieser Investitionen ausfallen muss, um das gesetzte Rentabilitätsziel zu erreichen.

b) Ermitteln Sie, wie sich bei sonst gleichen Daten die Struktur der Finanzierung ändern müsste, um eine Rentabilität des Eigenkapitals von 10% zu erreichen.

5. Planungsrechnung

Aufgabe 76

Die Unternehmensplanung umfasst eine große Anzahl verschiedener Teilpläne.

a) Erläutern Sie Inhalt und Bedeutung des Liquiditätsplans.
b) Nennen Sie drei weitere Teilpläne und den jeweiligen Inhalt.

Aufgabe 77

In der Planung für das nächste Geschäftsjahr kommt dem Umsatzplan eine zentrale Bedeutung zu. Beschreiben Sie für vier verschiedene weitere Planungen, wie diese mit der Umsatzplanung zusammenhängen.

6. Lösungen: Aspekte des Rechnungswesens

Aufgabe 1 - Bereiche des Rechnungswesens

Merkmal	**Finanz**	**K L R**
Adressaten	Externe	Intern
Vorschriften	Gesetze und Verordnungen	Frei; individuelles Abrechnungssystem
Zweck	Grundlage für das ganze Rechnungswesen, incl. KLAR; Rechenschaftslegung sowie Informationsaufgabe nach gesetzl. Vorschriften	Preisberechnung; Wirtschaftlichkeitsvergleich; make-or-buy-Entscheidungen; Kostenkontrolle

Oft ist es eine gute Idee, für die Antwort auf solche Vergleichsfragen eine Tabelle zu erstellen. Für den Korrektor erhöht sich die Übersicht, für einen selbst die Gewissheit, nichts vergessen zu haben. Im gegebenen Fall wäre das in der oben dargestellten Form jedoch zu knapp. Zusätzlich sollten auch die Zusammenhänge zwischen beiden genannten Bereichen deutlich werden. Eine andere ausformulierte Lösung könnte dann so ausfallen:

1. in der Finanzbuchhaltung werden alle Geschäftsvorfälle erfasst und systematisch geordnet. Die KLR dagegen befasst sich ausschließlich mit dem, was mit der betrieblichen Leistungserstellung verbunden ist.

2. in der Finanzbuchhaltung dient die ordnungsmäßige Buchführung und vor allem der Jahresabschluss dem Zweck, externen Adressaten wie Finanzamt, Geschäftspartnern, Banken eine Übersicht über die wirtschaftlichen Verhältnisse zu ermöglichen. Die KLR dagegen wird nur intern verwendet.

3. Wegen der unter 2. genannten Adressaten unterliegt die Finanzbuchhaltung in weiten Teilen detaillierten Vorschriften, beispielsweise bei der Bewertung, während die Unternehmen in der KLR selbst frei entscheiden können.

Aufgabe 2 - Grundsätze ordnungsmäßiger Buchführung

a)) Die Grundsätze haben sich aus der Berufspraxis herausgebildet und wurden dann Stück für Stück in die einzelnen Gesetze übernommen. Vor allem wurden Sie in das HGB übernommen und stellen folgendes Prinzip dar: Es soll einem sachverständigen Dritten möglich sein, sich in angemessener Zeit einen zutreffenden Überblick über die Geschäftslage zu verschaffen.

b) Aus dem unter a) genannten Prinzip ergeben sich zahlreiche Grundsätze, wie zB

1. Vollständigkeit;
2. Richtigkeit;
3. Klarheit.

Da in der Klausur keine Gesetzestexte als Hilfsmittel zugelassen sind, muss die Wiedergabe dieses Grundsatzes nicht exakt der Formulierung im HGB entsprechen, und schon gar nicht ist die genaue Angabe des Paragrafen erforderlich (bevor sie nachschlagen: Paragraf 238 I HGB).

Unter b können natürlich auch viele andere und konkretere Punkte genannt werden; erfahrungsgemäß prägt sich beispielsweise am stärksten ein das Gebot, eine lebende Sprache zu benutzen.

Aufgabe 3 - Buchführungspflichten

Stichtagsprinzip: der Jahresabschluss ist zum Ende des Geschäftsjahres in angemessener Zeit zu erstellen.

Bilanzidentität: die Eröffnungsbilanz eines Geschäftsjahres muss der Schlussbilanz des Vorjahres entsprechen.

Realisationsprinzip: Gewinne dürfen nur ausgewiesen werden, wenn sie tatsächlich eingetreten sind.

Imparitätsprinzip: vorhersehbare Risiken und Verluste sind auch dann zu berücksichtigen, wenn sie noch nicht tatsächlich eingetreten sind.

Kontinuitätsprinzip: die gewählten Bewertungsgrundsätze sind beizubehalten.

Zu nennen und zu erläutern waren drei; dafür kommen durchaus auch die unter Aufg.2 genannten Grundsätze, die generell für eine ordnungsmäßige Buchführung gelten, infrage. Bei solchen auf Aufzählungen gerichteten Fragen ist es sinnvoll, ein eigenes Blatt zu nehmen und erst einmal die Stichworte aufzuschreiben, die einem einfallen. Kommt man auf mehr als drei, kann man daraus dann auswählen nach dem Gesichtspunkt, wie sicher man sich fühlt hinsichtlich der geforderten Erklärungen.

Aufgabe 4 - Buchführungspflichten

Herr Bader fristet sein Dasein als Dozent. Da seine Frau aber ganz gut verdient, reicht ihm das aus.	0	0
Frau Matzke hat mit einer Freundin einen Schönheitssalon als GmbH gegründet. Im ersten Jahr haben Sie keinen Gewinn erzielt.	1	1
Herr Barsch veröffentlicht im Selbstverlag Romane über SM-Praktiken bei Vampiren. Seit drei Jahren erzielt er regelmäßg einen Umsatz zwischen 480 T€ und 570 T€.	0	0
Frau von Grumlingen führt den von ihrer Mutterübernommenen Ponyhof. Der Umsatz stagniert seit Jahren bei ca. 500 T€, doch konnte sie den Gewinn von 58 T€ über 62 T€ auf zuletzt 65 T€ erhöhen.	0	1

Aufgabe 5 - Bilanzierungs- und Bewertungsgrundsätze

a) 401.250

Beliebter Fehler: den nach dem Niederstwertprinzip zu verwendenden niedrigeren Kurs als Antwort zu schreiben. Gefragt war aber nach dem Wertansatz in der Bilanz, also multipliziert mit 3000.

b) 683.043

Auch hier wie unter a) der gesamte Wert, also 3000 × 227. Da aber zu den Anschaffungskosten außer dem Preis auch die Courtage gehört, kommen noch 0,3 % obendrauf.

Aufgabe 6 - Bilanzierungs- und Bewertungsgrundsätze

a) Es gibt die Möglichkeit, im Vorratsvermögen eine Gruppenbewertung bzw. Bewertungsvereinfachungsverfahren anzuwenden. Ob in diesem Fall nach den Vereinfachungsregeln entschieden werden kann, hängt v. a. von der gleichbleibenden Menge und dem Wert sowie der nachrangigen Bedeutung der Vermögensgegenstände ab.

b) Nein – Verstoß gegen die Bilanz-Identität.

c) Nein – Grundsatz der Einzelbewertung.

d) Hier muss ein Rechnungsabgrenzungsposten gebildet werden zur periodengerechten Ermittlung des Gewinns.

Aufgabe 7 - Bilanzierungs- und Bewertungsgrundsätze

a) Wertansatz in der Bilanz: 1.900 €.

b) Nach dem Niederstwertprinzip wäre dann der Tageswert (Markt- & Börsenpreis) anzusetzen.

Aufgabe 8 – Jahresabschluss

Bilanz stellt die Vermögenslage dar, GuV Aufwendungen und Erträge; Bilanz ist stichtags-, GuV zeitraumbezogen; Bilanz ist immer ausgeglichen, GuV zeigt der Saldo den Gewinn (negativ: Verlust) an; Bilanz zeigt Mittelverwendung auf der Aktivseite, Mittelherkunft auf der Passivseite, GuV zeigt, wo und wie Umsatz und Gewinn oder auch Verlust entstanden sind.

Aufgabe 9 - Vorsichtsprinzip

Das Vorsichtsprinzip soll erreichen, dass die Geschäftslage nicht besser dargestellt wird als sie ist und ergibt sich aus dem Grundsatz der kfm. Vorsicht. Das Gläubigerschutzprinzip hat eine übergeordnete Priorität, auch für eine ungünstige Geschäftsentwicklung ist Sorge zu tragen.

Daraus folgt für die Behandlung von Gewinnen das Realisationsprinzip, nach dem Gewinne nur berücksichtigt werden dürfen, wenn sie tatsächlich eingetreten, also realisiert sind. Von einer Realisation der Gewinne kann erst gesprochen werden, sofern ein Verkauf zu einem höheren Wert stattgefunden hat und mir das Geld aus diesem Verkauf bereits zu gegangen ist.

Dagegen müssen nach dem Imparitätsprinzip auch drohende, also noch nicht eingetretene Verluste berücksichtigt werden. Dazu kommt das Wertaufhellungsprinzip, wonach alle vorhersehbaren Risiken und Verluste, die bis zum Bilanzstichtag entstanden sind, berücksichtigt werden müssen, auch wenn sie erst nach dem Bilanzstichtag, aber vor der Bilanzerstellung bekannt geworden sind.

Die Antwort wurde hier zum besseren Verständnis umfassender formuliert als in einer Klausur nach der Fragestellung erwartet würde.

Aufgabe 10 – Bewertungsgrundsätze

25000 x 21,80 + 1,5% = 553.175 €

Auf der Aktivseite der Bilanz herrscht das Niederstwertprinzip in Verbindung mit dem Realisationsprinzip, wodurch eine Deckelung bei den Bilanzierungswerten auf Höhe der Anschaffungskosten (inklusive Nebenkosten) stattfindet. Daher bleibt der Ansatz eines höheren Tageskurses außer Ansatz, er wurde noch nicht realisiert.

Genau genommen beantwortet die erste Zeile die Fragestellung, müsste also reichen. Aber wenn Zeit (und die Kenntnisse) vorhanden sind, ist es natürlich immer besser, das reine Rechenergebnis zu erläutern.

7. Lösungen: Finanzbuchhaltung

Aufgabe 11 - Adressaten

– Anteilseigner
– Gläubiger
– Finanzamt
– Mitarbeiter
– Analysten
– Öffentlichkeit
- Fremdkapitalgeber

Finanzamt	Grundlage zur Steuerermittlung
Fremdkapitalgeber	Informationen über Liquidität und Lage des Unternehmens
Öffentlichkeit	Konkurrenz; künftige Mitarbeiter; Geschäftspartner

Aufgabe 12 - Bücher der Finanzbuchhaltung

Grundbuch (Journal) – Erfassung sämtlicher Buchungen in zeitlicher Reihenfolge
Hauptbuch – Erfassung sämtlicher Buchungen, geordnet nach sachlichen Kriterien auf Bestands- und Erfolgskonten
Nebenbücher – Dokumentation von Einzelheiten zu bestimmten Sachkonten.
Kontokorrentbuch – Verbindlichkeiten und Forderungen bei Lieferanten (**Kreditoren**) und Kunden (**Debitoren**)
Lagerbuch – Zu-und Abgänge des Warenlagers
Lohn-und Gehaltsbuch – Abrechnungen der Arbeitsentgelte
Anlagebuch – Gegenstände des Anlagevermögens
Kassenbuch – Zahlungsmittelbestand
Rechnungsausgangsbuch – Fakturierung

Aufgabe 13 – Inventur

a) Ja; **Stichtagsinventur**: Durchführung am (Bilanz-)Stichtag bzw. im Zeitraum von 10 Tagen davor und danach.

b) **Verlegte** Inventur: gegenüber dem Bilanz-Stichtag zeitversetzt um max. drei Monate davor und zwei Monate danach; Antrag bei der zuständigen Finanzbehörde erforderlich;
oder:
Permanente Inventur: ausgehend von einer körperlichen Inventur (mindestens jährlich) fortlaufende Erfassung der Veränderungen bis zur Übernahme der Werte am Bilanzstichtag.

c) Bei **verlegter** Inventur Vorteile: das Geschäftsjahr muss nicht auf ein zwischen geschaltetes Rumpf-Geschäftsjahr umgestellt werden; Flexibilität in der Terminierung. Nachteile, dass erst eine Genehmigung eingeholt werde muss, der Mehraufwand für Fortschreibung bzw. Rückrechnung zum Bilanzstichtag sowie die damit evtl. verbundenen Ungenauigkeiten.
Die **permanente** Inventur hat den Vorteil, dass es keine Unterbrechung des Geschäftsablaufs durch die Inventur gibt und die „körperliche Bestandsaufnahme“ flexibel festgeloegt werden kann, z.B. in eine Zeit minimalen Warenbestandes. Nachteil ist der permanent höhere Aufwand in der Buchhaltung.
Eigentlich gibt es keinen zweiten Nachteil; in einem solchen Fall nimmt man einen Aspekt oder eine Folge des vorhandenen Arguments; hier: aufwändigere Darlegung bei Wirtschaftsprüfung.

Aufgabe 14 - Bilanz

Bilanz der X-GmbH zum 31.12.2018

Aktiva			**Passiva**
I. Anlagevermögen		**I. Eigenkapital**	645.000 €
Gebäude	565.000 €		
Fuhrpark	104.550 €		
Betriebs- und Geschäftsausstattung	73.000 €		
II. Umlaufvermögen		**II. Verbindlichkeiten**	
Unfertige Erzeugnisse	48.000	Bankdarlehen	221.300 €
Handelswaren	57.000		
Forderungen aus Lieferungen	55.000	Verbindlichkeiten aus Lieferungen	61.000 €
Kassenbestand	1.750		
Bankguthaben	23.000 €		
Summe	927.300 €	**Summe**	927.300 €

In der Aufgabenstellung war zwar keine Firma und kein Stichtag angegeben, aber zur Vorsicht sollte man zeigen, dass einem die Vorschrift, beides anzugeben bekannt ist. Die Gliederung mit römischen Ziffern sollte mit angegeben werden, bei der weiteren Untergliederung kommt es auf die jeweilige Größenklasse des Unternehmens an; in der Klausur muss nicht mehr fortlaufend nummeriert werden. – Und der Vollständigkeit halber: Kasse steht VOR Bank, weil das Geld aus der Kasse tur Bank gebracht wurd; und das Eigenkapital ergibt sich als Restsumme der Passiva-Seite…

Aufgabe 15 - Bilanz

Bilanz der X-GmbH zum 31.12.2018

Aktiva			Passiva
I. Anlagevermögen		**I. Eigenkapital**	1.358.290
Gebäude	825.000		
Maschinen	450.000		
Geschäftsausstattung	75.000		
II. Umlaufvermögen		**II. Verbindlichkeiten**	
Rohstoffe	44.540	Bankdarlehen	112.000
Unfertige Erzeugnisse	23.000		
Forderungen aus Lieferungen	158.000	Verbindl. aus Lieferungen	156.000
Kassenbestand	2.750		
Bankguthaben	48.000		
Summe	1.626.290	**Summe**	1.626.290

Aufgabe 16 - Bilanz

a) Anlagevermögen besteht aus Gütern, die dauernd dem Geschäftsbetrieb, sprich Unternehmen dienen (typische Beispiele: Gebäude, Maschinen); Umlaufvermögen, wie auch der Name sagt, verbleibt in seinem ursprünglichen Wert nur vorübergehend im Unternehmen (z.B. Rohstoffe).

b) Rückstellungen werden gebildet für künftige Verbindlichkeiten, die dem Grunde nach bereits verursacht sind, aber der Zeitpunkt und/oder Höhe der Zahlung noch nicht genau feststehen; sie gehören damit zum Fremdkapital (Beispiel: Pensionsrückstellungen). Unter Umständen kann die Rechtslage noch zweifelhaft sein (Arbeitsrechtsprozess zwischen Arbeitgeber und Arbeitnehmer). Rücklagen dagegen sind nicht ausgeschüttete Gewinne, also Bestandteil des Eigenkapitals, z.B.

um für Phasen schlechteren Geschäftsgangs gewappnet zu sein; sie können aber auch gesetzlich oder durch Satzung vorgeschrieben sein, z.B. die Rücklagen einer UG wegen des Thesaurierungszwangs für min. 25% der Überschüsse, bis das Stammkapital einer GmbH von 25.000,- Euro erreicht wurde.

Aufgabe 17 - Bilanz

Aktiva		Passiva	
I. Anlagevermögen		I. Eigenkapital	
1. Grundstücke und Gebäude			
2. Maschinen		II. Schulden	
3.**Geschäftsausstattung**		1. Hypotheken	
II. Umlaufvermögen		2. Darlehen	
1. Rohstoffe		3. Verbindlichkeiten aus Lieferungen und Leistungen	
2. **Hilfsstoffe**			
3. Betriebsstoffe			
4. Unfertige Erzeugnisse			
5. Fertige Erzeugnisse			
6. **Forderungen**			
7. Kassenbestand			
8. Bankguthaben			
Summe Aktiva		Summe Passiva	

Zu leicht? Stimmt – aber auch das kommt zum Glück in den Klausuren manchmal vor...

Aufgabe 18 – Aktiv- / Passiv-Tausch

Kauf gegen bar: Aktiv-Positionen Geschäftsausstattung und Kasse, also Aktivtausch; Kauf auf Ziel (Rechnung) statt Kasse auf der Passiva-Seite „Verbindlichkeiten“, also Aktiv-Passiv-Mehrung, da sich die Bilanzsumme erhöht. Die gebuchte

Rechnung wird per Banküberweisung gezahlt: es reduzieren sich die Passiv-Position „Verbindlichkeiten“ und die Aktiv-Position „Bankguthaben“, also Aktiv-Passiv-Minderung. Die Umwandlung einer Lieferantenverbindlichkeit in ein längerfristiges Darlehen schließlich wäre ein Passiv-Tausch.

Aufgabe 19 - Aktiv – /Passiv- Tausch / Mehrung

(1 = Aktivtausch; 2 = Passivtausch; 3 = Aktiv-Passiv-Mehrung; 4 = Aktiv-Passiv-Minderung)

Zahlungseingang Einlage eines neuen Gesellschafters	3
Kauf eines PC auf Rechnung	3
Überweisung einer Lieferantenrechnung	4
Zahlungseingang einer Ausgangsrechnung	1
Einzahlung von Kassenbestand auf Bank	1
Barverkauf eines Restpostens Rohstoffe	1
Überweisung der Tilgungsrate auf einen Bankkredit	4

Aufgabe 20 – Jahresabschluss Konten

Geschäftsausstattung: B
- Versicherungsprämien: E
- Materialaufwand: E
- Kassenbestand: B
- Gehälter: E
- Halbfertigprodukte: B
- Umsatzerlöse: E

b) Es gibt aktive und passive Bestandskonten, diese fließen für den Jahresabschluss in die Bilanz ein. Die Erfolgskonten werden nach Aufwendungen und Erträgen unterschieden und gehen in die Gewinn- und Verlustrechnung ein. Der ermittelte Gewinn oder Verlust fließt dann ebenfalls als Eigenkapitalmehrung (Gewinn) oder Eigenkapitalminderung (Verlust) in die Bilanz ein.

8. Lösungen KLR

Abgrenzungen

Aufgabe 21 - Grundbegriffe

a)
- Kalkulation und Preisbeurteilung
- Ermittlung der Selbstkosten, Grundlage für Verkaufspreise
- Kontrolle der Wirtschaftlichkeit
- Datengrundlagen für Überwachung der Kostenentwicklung
- Grundlage für Planungen und Entscheidungen
- Erfolgsermittlung und Bestandsbewertung

In der Klausur machen einen solche Fragen, bei denen man einfache und eigentlich selbsterklärende Begriffe erläutern soll, oft etwas ratlos. Lässt man jedoch nur einen Begriff ohne weiteren Text stehen, kann es sein, dass der Korrektor Punkte abzieht, weil eben nicht „erläutert" wurde. Es gibt im Prinzip zwei Wege: entweder man wandelt den Begriff um in einen Satz, also zu Preisbeurteilung „Verkaufspreise danach beurteilen, ob sie aus Kostensicht ausreichend sind" oder gibt zur Erläuterung ein Anwendungsbeispiel.

b)
Kostenartenrechnung: Erfassung und Einteilung aller angefallenen Kosten; „Welche Kosten?"
Kostenstellenrechnung: Zuordnung von (Gemein-)Kosten zu Abteilungen etc.; „Wo sind die Kosten entstanden?"
Kostenträgerrechnung: Zuordnung von Kosten zu betrieblichen Erzeugnissen; „Wer hat die Kosten zu tragen?"

Aufgabe 22 – Aufwand und Ertrag

a) betriebsfremde Erträge: Dividende aus Anteilen.
b) außerordentliche betriebliche Aufwendungen: Schaden durch Überschwemmung.
c) außerordentliche betriebliche Erträge: Verkauf einer ausrangierten Anlage über Buchwert.
d) periodenfremde Aufwendungen: Steuernachzahlungen.
e) betriebsfremde Aufwendungen: Spenden an Parteien.
f) Zusatzkosten: kalkulatorische Kosten wie z.B. kalkulatorische Zinsen auf das Eigenkapital.

Aufgabe 23 – Definitionen und Beispiele

„Kalkulatorische Kosten" sind in der Kostenrechnung berücksichtigte Kosten, denen in der Finanzbuchhaltung kein Aufwand (Zusatzkosten; kalkulatorischer Unternehmerlohn, kalkulatorische Miete) oder Aufwand in anderer Höhe (Anderskosten; kalkulatorische Abschreibungen, kalkulatorische Wagnisse) gegenübersteht

Aufgabe 24 – Definitionen und Beispiele

In der Kostenrechnung soll die Höhe der Abschreibung sich am tatsächlichen Wertverlust der abzuschreibenden Werte orientieren, denn im Ergebnis der Kostenrechnung sollen ja u.a. die Selbstkosten so ermittelt werden, dass ein auf dieser Grundlage festgesetzter Preis auch die Wiederbeschaffung finanziert. Deshalb ist bei der Höhe der kalkulatorischen Abschreibung auch nicht von den Beschaffungskosten sondern vom Wiederbeschaffungspreis auszugehen.

Aufgabe 25 – Abgrenzungsrechnung

1. Auszahlung von 42.000 € Prämien für das Vorjahr:
0 da andere Periode
2. Im Januar gekaufte Rohstoffe werden verarbeitet (Einkaufswert: 12.500 €).
0 da andere Periode
3. Austausch einer Kupplung an einer Verpackungsmaschine, 980,- €
980

Aufgabe 26 – Abgrenzungsrechnung

Geschäftsfall	**Ein- zahlung**	**Ein- nahme**		**Neutraler Ertrag**	**Leistung**
Mitgliedsbeitrag IHK: 4.800 €	0	0		0	0
Verkauf von Restbeständen zum Buchwert 800,- € auf Ziel	0	800		0	0
Dividende aus Beteiligung: 11.200 €	11.200	11.200		11.200	0
Verkauf von eigenen Erzeugnissen auf Ziel; 23.000 €		23.000			23.000
Verkauf eines Kfz, Restbuchwert 4.200 € bar für 4.500 €	4.500	4.500		300	0

Aufgabe 27 – Abgrenzungsrechnung

Bilanziell ist damit zwar linear jährlich ein Achtel, also 12,5% der Anschaffungskosten abzuschreiben, aber die kalkulatorischen Abschreibungen sind frei von Vorschriften an dem tatsächlichen Wertverlust und den Wiederbeschaffungskosten zu orientieren. In diesem Fall ist es völlig realistisch davon auszugehen, dass diese Geräte spätestens in 5 Jahren technisch überholt sein werden und ersetzt werden müssen.

Aufgabe 28 - Kostenartenrechnung – Wagnisse

Jahr	Forderungsbestand Durchschnitt	Forderungsausfälle	Ausfall
2014	76.000 €	1.760 €	2,3%
2015	79.000 €	1.980 €	2,5%
2016	85.000 €	2,260 €	2,7%
Summe	240.000	6.000	2,5%

Für 2017 sind also bei einem durchschnittlichen Forderungsbestand von 90.000 € Ausfälle von 2.250 € zu erwarten.

In der Klausur reicht das so; für künftige Betriebswirte: da offenbar ein Trend zur Zunahme der Ausfallquote besteht, wäre es ratsamer, jüngere Daten stärker zu gewichten, also z.B. 2014 einfach, 2015 doppelt und 2016 dreifach. Die mit diesen Faktoren multiplizierten und dann addierten Daten müssen dann natürlich durch 6 dividiert werden, um den Mittelwert zu erhalten. Im gegebenen Fall würde dann eine Ausfallquote von 2,6% erwartet werden.

Aufgabe 29 - Kostenarten – Gliederung

Preis 20,- €; 4,47 € / Stuhl Materialkosten; 3.600 Stück Absatzmenge; Verwaltungs- und Vertriebsgemeinkosten von 8.600 €.

Fertigungsstufe	Zuschnitt	Montage	Finish
Kosten der Stufe	12.400 €	17.800 €	6.400 €
Menge	4.260	3.900	3.830
Pro Stück	2,91	4,56	1,67

V-+V-Gk / Stück 2,39. Summe: 16,- €

BAB und Zuschlagskalkulation

Aufgabe 30 - Betriebsabrechnungsbogen

a) BAB = Bindeglied zwischen Kostenarten – und Kostenträgerrechnung für Gemeinkosten.
Verteilt Gemeinkosten nach Schlüsseln für die Verursachung auf die Kostenstellen.
Stellt damit die Daten bereit zur Ermittlung der Zuschlagsätze für Gemeinkosten in der Kalkulation.

b) Hauptkostenstellen sind direkt an der betrieblichen Wertschöpfung beteiligt (z.B. Fertigung).
Hilfskostenstellen stellen ihre Leistungen anderen Kostenstellen zur Verfügung (z.B. Kantine), indirekte Weitergabe der Kosten durch Umlage auf die Hauptkostenstellen.

Aufgabe 31 - Betriebsabrechnungsbogen

Kostenart	Material	Fertigung	Verw.	Vertrieb
Gemein-K.	27.000	105.000	34.830	42.570
Basis	180.000	75.000	387.000	387.000
Satz	15%	140%	9%	11%

Eine einfache Übung zum Einstieg. – Die Basis zur Ermittlung ergibt sich bei den V.-V-Kosten aus den Herstellkosten, also der Summe aus Material- und Fertigungskosten. Bei allen Aufgabenstellungen mit Zuschlagsätzen gilt: Satz für Material-Gk. Normalerweise 2-stellig, für Fertigungs-Gk. 3-stellig. Haben Sie andere Werte, prüfen sie das besser nochmal. Ausgenommen sind Aufgaben der Maschinenstundensatzrechnung.

Aufgabe 32 – BAB und Zuschlagsätze

a)

Kostenart	**Material**	**Fertigung**	**Verw.**	**Vertrieb**
Gemein-K.	276.000	790.000	368.320	253.220
Basis	920.000	316.000	2.302.000	2.302.000
Satz	30%	250%	16%	11%

b)

Netto-Verkaufspreis (NVP) 980,-€
15% Rabatt
3% Skonto
Einzelkosten:
-Material 240,-€
-Löhne 72,-€
-Spezialverpackung 5,72 €.

Material Ek		240
Gk Satz	30%	72
Materialkosten		312
Fertigungslöhne		72
FGK Satz	250%	180
Fertigungskosten		252
Herstellkosten		564
V+V-GemK	27%	152,28
Sonder-Einzelk		5,72
Selbst-Kosten		722
Gewinn	**11,9%**	**86,01**
Bar-VP		808,01
Skonto	3%	24,99
Ziel-VP		833
Rabatt	15%	147
Listen-VP		980

Weil es hier die erste Aufgabe der Zuschlagskalkulation ist in sehr ausführlicher Form. Am besten schreibt man in der Klausur (wenn es keine Anlage für die Lösung gibt!) das komplette Schema aus der Formelsammlung auf ein Konzeptblatt und trägt erst einmal alle bekannten Daten ein (Achtung bei Sondereinzelkosten: Modell, Bauzeichnung etc. sind solche der Fertigung, Versand zum Kunden des Vertriebs). Klappt auf Anhieb alles mit en Lösungschritten, kann man oben auf dem Blatt ankreuzen „Lösung", es in den Lösungsbogen ein legen und hier vielleicht zur Vorsicht noch verweisen auf Extra-Blatt.

Aufgabe 33 - Betriebsabrechnungsbogen

Heizkosten:
Material 400 m^2
Fertigung 900 m^2
Verwaltung 400 m^2
Vertrieb 300 m^2
Abschreibungen 6 : 30 : 10 : 2

Kostenart	**Σ Gk**	**Material**	**Fertigung**	**Verw.**	**Vertrieb**
Gehälter	52.132	3.600	12.000	26.582	9.950
Heiz-K.	3.600	720	1.620	720	540
Abschr.	14.400	1.800	9.000	3.000	600
Sonstige	25.898	3.560	11.700	5.998	4.640
Σ	96.030	9.680	34.320	36.300	15.730
Basis		48.400	28.600	121.000	121.000
Z.-Satz		20	120	30	13

Aufgabe 34 – Zuschlagsätze

Für die Erstellung eines Angebots über 240 Stühle sollen Sie die Selbstkosten pro Stuhl aus folgenden Daten errechnen:
Fertigungsmaterial 8,- €
Material-Gemeinkosten 40%
Fertigungslöhne gesamt 3.480 €
Fertigungs-Gemeinkosten 150%
Verwaltungs- und Vertriebs-Gemeinkosten 20%.
Die Anfertigung eines Modells verursachte Kosten von 48,- €.

Material Ek		8,-
Gk Satz	40%	3,20
Materialkosten	Zwischensumme	11,20
Fertigungslöhne	3.480 / 240	14,50
FGK Satz	150%	21,75
Sondereinzelkosten	48 / 240	0,20
Fertigungskosten	Zwischensumme	36,45
Herstellkosten	Mat. + Fertigung	47,65
V+V-GemK	20%	9,53
Sonder-Einzelk		0
Selbst-Kosten		**57,18**

Falls Sie ein anderes Ergebnis haben: die Sonder-Einzelkosten richtig zugeordnet? Und durch die Stückzahl dividiert???

Aufgabe 35 - Zuschlagskalkulation

Fertigungsmaterial 600,- €
Material-Gemeinkosten 35%
Fertigungslöhne 1.450 €
Fertigungs-Gemeinkosten 170%
Verwaltungs- und Vertriebs-Gemeinkosten 25%
Barverkaufspreis von 6.854,40
12% Gewinnzuschlagssatz.

Material Ek		600,-
Gk Satz	35%	210
Materialkosten	Zwischensumme	810,-
Fertigungslöhne		1.450,-
FGK Satz	170%	2.465,-
Sondereinzelkosten		**171,-**
Fertigungskosten		4.086,-
Herstellkosten	(=6.120 / 1,25)	4.896,-
V+V-GemK	25%	1.224,-
Selbstkosten	(=6.854,4 / 1,12)	6.120,-
Gewinn	12%	734,40
Bar-VP		6.854,40

Materialkosten können wie gewohnt errechnet werden; bei Fertigungskosten bleibt die Position Sondereinzelkosten zunächst offen. Damit können wir von der Seite die Herstellkosten nicht errechnen. Aber von der anderen Seite her geht es: welcher Betrag ergibt +12% (mathematisch x1,12) den Bar-VP von 6.854,40? Das sind die Selbstkosten. Welcher Betrag wiederum ergibt +25% diese Selbstkosten? Das sind die Herstellkosten; und wenn wir von dem alle bereits bekannten Herstellkosten abziehen, bleiben die Sondereinzelkosten übrig.

Aufgabe 36 - Zuschlagskalkulation

Fertigungsmaterial 650,- €
Material-Gemeinkosten 18%
Fertigungslöhne 250 €
Fertigungs-Gemeinkosten 210%
Verwaltungs- und Vertriebs-Gemeinkosten 25%
Versandkosten 7,50 €.
Gewinnzuschlag 10%.
2% Skonto
8% Provision

Material Ek		650,-
Gk Satz	18%	117,-
Materialkosten	Zwischensumme	767,-
Fertigungslöhne		250,-
FGK Satz	210%	525,-
Sondereinzelkosten		-,-
Fertigungskosten		775,-
Herstellkosten	(=767 + 775)	1.542,-
V+V-GemK	25%	385,50
Sondereinzelkosten		7,50
Selbstkosten	1542+385,5+7,5	1.935,-
Gewinn	10%	193,50
Bar-VP		2.128,50
Skonto	2%	
Provision	8 %	
Verkaufspreis	=2.128,50/0,9	**2.365,-**

Die Aufgabe dient dem Zweck, den Umgang mit Skonto und Provision zu üben. Beide gehen nämlich zusammen vom Verkaufspreis ab. Also wenn wir bis zum Barverkaufspreis durchgerechnet haben: welcher Betrag minus 10% (mathematisch: x0,9) ergibt 2.128,50? Wir kennen hier das Ergebnis, also müssen wir umgekehrt rechnen, durch 0,9 dividieren. - Zur Vorsicht für strenge Korrektoren können wir dann immer noch, wenn wir den VP haben, die Positionen Skonto und Provision einzeln ausrechnen.

Aufgabe 37 - Zuschlagskalkulation

Fertigungsmaterial 600,- €
Material-Gemeinkosten 35%
Fertigungslöhne 1.460 €
Sondereinzelkosten der Fertigung 229 €
Verwaltungs- und Vertriebs-Gemeinkosten 20%
Versandkosten 10 €.
Gewinnzuschlag 10%.
Barverkaufspreis 6.875 €.

Material Ek		600,-
Gk Satz	35%	210,-
Materialkosten	Zwischensumme	810,-
Fertigungslöhne		1.460,-
FGK Satz	**185%**	**2.701,-**
Sondereinzelkosten		229,-
Fertigungskosten		4.390,-
Herstellkosten	(6.240 / 1,2)	5.200,-
V+V-GemK	20%	1.040,-
Sondereinzelkosten		10,-
Selbstkosten	=6.875/1,1	6.250,-
Gewinn	10%	625,-
Bar-VP		6.875

Hier ist dann mit dem „normalen" Weg schon nach den Fertigungslöhnen Schluss. Also vom anderen Ende her: Barverkaufspreis / 1,1 = der Betrag an Selbstkosten, der plus 10% diesen Preis ergibt. Ohne die SEK bleiben 6.240 als Ergebnis für Herstellkosten + 20%; also dividiert durch 1,2 haben wir die Herstellkosten. Alle bereits bekannten Herstellkosten abgezogen bleibt eine Differenz von 2.701 für den gesuchten Zuschlag.

Aufgabe 38 - Zuschlagskalkulation

600 Stück
Fertigungsmaterial 78,- €
Material-Gemeinkosten 35%
Fertigungs-Gemeinkosten 250%
Verwaltungs- und Vertriebs-Gemeinkosten 22%.
Modell 3.600 €
Versandkosten 5,71€/Stück.
Gewinnzuschlag von 12%.
Fertigung 480 Stunden / Stundenlohn 24,80 €

Material Ek	600 x 78	46.800,-
Gk Satz	35%	16.380,-
Materialkosten	Zwischensumme	63.180,-
Fertigungslöhne	24,8 x 480	11.904,-
Fertigungs-GemK	250%	29.760,-
Sondereinzelkosten		3.600,-
Fertigungskosten		45.264,-
Herstellkosten		108.444
V+V-GemK	22%	23.857,68
Sondereinzelkosten	5,71 x 600	3.426,-
Selbstkosten		135.727,68
Gewinn	12%	16.287,32
Bar-VP		152.015,-

Hier können wir gleich das Angebot für 600 Stück rechnen, also Kostenangaben pro Stück mit 600 mulitplizieren. Nach einem Stückpreis ist nicht gefragt.

Aufgabe 39 - Zuschlagskalkulation

600 Stück;
Zusatzeinrichtung Pauschalpreis 2.400 €
Spezialtransport 2.480 €
Skonto 3%.
Rabatt 10%.
Materialkosten: 4.800 €; Materialgemeinkosten 12,5%
Fertigungslöhne 3.600 €, Fertigungsgemeinkosten 180%.
Verwaltungs- und Vertriebsgemeinkosten 20%.
15% Gewinnzuschlag.

Materialkosten	gesamt	4.800,-
Gk Satz	12,5%	600,-
Materialkosten	Zwischensumme	5.400,-
Fertigungslöhne	gesamt	3.600,-
Fertigungs-GemK	180%	6.480,-
Sondereinzelkosten		2.400,-
Fertigungskosten		12.480,-
Herstellkosten		17.880,-
V+V-GemK	20%	3.576,-
Sondereinzelkosten		2.480,-
Selbstkosten		23.936,-
Gewinn	15%	3.590,40
Bar-VP		27.526,40
Skonto 3%	(27.526,40/ 0,97)	28.377,73
Rabatt 10%		3.153,08
Angebotspreis	28.377,73 / 0,9	31.530,81

Ein „Quickie" zum Abschied von diesem Thema...

Maschinenstundensatz

Aufgabe 40 - Maschinenstundensätze

a) Problem der Zuschlagskalkulation ist die verursachungsgerechte Zuordnung der Kosten. Insbesondere bei den Fertigungsgemeinkosten werden auch die gesamten Maschinenkosten berücksichtigt. Daraus ergeben sich dann sehr hohe Zuschlagsätze. Dadurch werden dann weiterhin auch Ungenauigkeiten in der Bezugsbasis, z.B. ungenaue Erfassung von Bearbeitungszeiten, multipliziert.

b) Im Kern erfolgt eine einfache Divisionskalkulation, bei der zuerst sämtliche Maschinenkosten eines Jahres addiert und dann durch die gesamte Maschinenlaufzeit im gleichen Zeitraum in Stunden dividiert werden.

Aufgabe 41 - Maschinenstundensätze

Anschaffungskosten 648.000 €; kalk. Zinssatz 6%
Nutzungsdauer 7 Jahre
Restwert 88.000 €
Einsatzzeit pro Jahr 3.200 Std.
Platzbedarf 24 m^2 / 15,- € m^2
Energieverbrauch 12,0 kW/h | 0,24€ / kW/h
Instandhaltungskosten 8%.

Abschreibung: (648.000 -88.000) / 7 = 80.000
Kalkulatorische Zinsen: 6% (648.000 + 88.000) = 22.080
Miete: 24 x 15 x 12 = 4.320
Energie: 3.200 x 12 x 0,24 = 9.216
Instandhaltung: 8% von 648.000 = 51.840
Summe Kosten p.a. 167.546 / 3.200 = 52,33 € Stundensatz

Erklärungsbedürftig ist hier sicher v.a., warum bei den Abschreibungen der Restwert abgezogen, bei der Kapitalbindung addiert wird. Die Abschreibungen stehen für den Wertverlust und der betrifft wie der Name sagt nicht den Restwert. Und ge bunden ist aber dieser Restwert ebenso wie das für die Anschaffung aufgewendete Kapital. Das gleiche Thema wird im 2. Teil bei Investitionsrechnung wieder vorkommen.

Aufgabe 42 – Zuschlag mit Maschinenstundensatz

a) Maschinenstundensatz:

Anschaffungskosten 816.000 €; 8 Jahre Nutzungsdauer

Zinsfuß 5%

Platzbedarf 28m²; kalk. Miete pro Monat 12,- € / m²

Energieverbrauch 14 kW/h; 1 kW/h = 3,50 €

Instandhaltungskosten monatlich 3.800 €

Laufzeit pro Jahr: 3.200 Std.

Kalk. Abschreibungen 102.000 €

Kalk. Zins 20.400 € (5% auf das durchschnittlich gebundene Kapital, also die Hälfte der Anschaffungskosten!)

Raumkosten 4.032

Energie/h 3,50 €

MSS = 57,26

Man kann auch erst die ganzen Jahreswerte addieren, durch die Laufzeit dividieren und dann darauf den schon pro Stunde angegebenen Wert für Energieverbrauch addieren.

Fertigungsmaterial 64,- €

Material-Gemeinkosten 35%

Fertigungslöhne 25€/Std.

Bearbeitungszeit 24 Min.

Restfertigungs-Gemeinkosten 80%

Verwaltungs- und Vertriebs-Gemeinkosten 20%

b) Berechnen Sie die Selbstkosten.

Materialkosten		64,-
Gk Satz	35%	22,40
Materialkosten	Zwischensumme	86,40
Fertigungslöhne	24/60 von 25	10
Restfertigungs-GemK	80%	8,-
Maschinenkosten	24/60 von 57,26	22,90
Fertigungskosten		40,90
Herstellkosten		127,30
V+V-GemK	20%	25,46
Selbstkosten		**152,76**

Äquivalenzziffern

Aufgabe 43 - Äquivalenzziffernkalkulation

Typ	Menge	ÄZ	RE	Gk/Typ	Sk/St.
S	2.000	0,7	1.400	6.300	3,15
M	2.500	0,9	2.250	10.125	4,05
L	2.800	1,0	2.800	12.600	**4,50**
XL	800	2,5	2.000	9.000	11,25
			8.450		

Motiv für diese Kalkulationsart ist – Faulheit: gäbe es nur EINE Sorte, könnte man eine einfache Divisionskalkulation machen, also einfach Gesamtkosten durch Gesamtmenge teilen. Wenn die Sorten sich ähnlich sind, kann man eine zur „Standardsorte" erklären und für alle anderen ausrechnen, wie viel man denn bei gleichen Kosten stattdessen von dieser Standardsorte hätte herstellen können, darauf die Divisionskalkulation anwenden und für die abweichenden Sorten wieder rückrechnen. Hier geht es dabei nur um die Umlage der Gemeinkosten. Die Umrechnungsziffern sind schon gegeben. Multipliziert mit der Menge ergibt: so viel hätten wir statt dessen von der Bezugsmenge herstellen können. Das sind die „Recheneinheiten". Die Gesamtkosten dividiert durch die Summe der Recheneinheiten ergibt die Gk pro RE von 4,50. Multipliziert mit den Äquivalenzziffern erhalten wir die Gk pro Stück und Sorte, multipliziert mit der jeweiligen Stückzahl wiederum die gesamten Gemeinkosten pro Sorte. Hier kommen dann für die Gesamtkosten jeder Sorte noch die angegebenen Selbstkosten dazu.

Aufgabe 44 – Äquivalenzziffernkalkulation

Typ	Menge	Äz	RE	Sk/Typ	Sk/St
Duo	3.000	1,5	4.500	56.250	18,75
SIngle	6.500	1	6.500	81.250	**12,50**
Fam.	2.500	2,1	5.250	65.625	26,25
			16.250		

Zuerst die Äquivalenzziffern, also das Kostenverhältnis ermitteln: „Duo“ 50% mehr als „Single“ bedeutet Äz von 1,5; „Family“ 40% mehr als (Achtung!) „Duo“. Die meisten Fehler werden bei dieser Aufgabe wohl hier passieren. Duo hat 1,5 und 40% mehr als 1,5 ist 2,1 (NICHT 1,4 und auch nicht 1,9). – Multiplikation mit den Mengen ergibt die Gesamtmenge der RE; die Gesamtkosten von 203.125 € durch diese Menge geteilt ergibt die Kosten / RE. Für die einzelnen Sorten dann wieder mit der Äz rückwärts – das war´s

Aufgabe 45 - Äquivalenzziffernkalkulation

Typ	Menge	Äz	RE	Stück-K.
30	1.800	1,4	2.520	9,80
25	3.600	1,2	4.320	8,40
18	4.200	1	4.200	**7,-**
15	2.400	1,1	2.640	7,70
12	3.000	1,25	3.750	8,75
			17.430	

Eine einfache Aufgabe – wenn man sich nicht von dem vielen Gelaber in der Aufgabenstellung verwirren lässt! Die Zahlenangabe für die Stärke der Hölzer könnte einen auf die Idee bringen, damit rechnen zu wollen – aber das sind nur Typenbezeichnungen, in diesem Sinne also Text. Hat man erst einmal mit den Angaben die Äquivalenzziffern richtig ermittelt, ist der Rest wie bei den vorherigen Aufgaben geschildert und einfach.

Handelskalkulation

Aufgabe 46 – Handelskalkulation

Listenpreis 250,- €
Sonderrabatt 15%
Bezugskosten 4,90 / Stück.
40% Handlungskosten
Endpreis 349,86 €.

Listenpreis		250,-
Rabatt	15%	37,50
Ziel-EP		212,50
Bezugskosten		4,90
Einstandspreis		217,40
Handlungskosten	40%	86,90
Selbstkosten		304,36
Gewinn	14,9%	45,50
Verkaufspreis		349,86

Da die Frage war, ob es „sich lohnt", gehört noch ein abschließender Satz dazu, der diese Frage beantwortet:
Mit einem Gewinn von 14,9% lohnt sich das Geschäft.

Aufgabe 47 – Handelskalkulation

Listeneinkaufspreis 250,- €
Sonderrabatt 15%
Skonto 2%
Bezugskosten 2,75 / Stück.
30% Handlungskosten
Bruttoverkaufspreis 476,- €.

Listen-EP		250,-
Rabatt	15%	37,50
Ziel-EP		212,50
Skonto	2%	4,25
Bar-EP		208,25
Bezugskosten		2,75
Einstandspreis		211,-
Handlungskosten	30%	63,30
Selbstkosten		274,30
Gewinn	14,9%	45,50
Netto-VP		400,-
MWSt	19%	76,-
Brutto-VP		476,-

Handelsspanne = (Netto-VP – Einstandspreis) / Netto-VP in %
189 / 400 = 47,25%
Kalkulationszuschlag = (Netto-VP – EP) / EP
189 / 211 = 89,57%

Für viele das Hauptproblem bei der Handelskalkulation: die vielen verschiedenen, zum Teil ähnlich klingenden Begriffe. Nicht verwirren lassen: die „Handelsspanne“ ist die Spanne, die dem Händler bleibt (also vom Netto-VP); der Kalkulationszuschlag ist das, was er bei der Preiskalkulation zuschlägt für Handlungskosten UND Gewinn.

Aufgabe 48 – Handelskalkulation

Wareneinsatz	140.000
Miete	9.000
Gehälter	19.000
Verwaltung	6.000
sonstige Kosten	8.000

a)
Zuschlagssatz für Handlungskosten ist der prozentuale Aufschlag auf die Bezugsgröße Wareneinsatz, um damit alle Gemeinkisten zu decken; also (42.000 x 100) / 140.000 = 30%

b)
- Listenpreis/Stück 148,- €
- Rabatt 10 %
- Skonto 3 %
- Bezugskosten gesamt 337,50.
Kalkuliert werden soll mit 20% Gewinn.

Listen-EP		148,-
Rabatt	10%	14,80
Ziel-EP		133,20
Skonto	3%	4,-
Bar-EP		129,20
Bezugskosten	337,50 / 75	4,50
Einstandspreis		133,70
Handlungskosten	30%	40,11
Selbstkosten		173,81
Gewinn	20%	34,76
Netto-VP		208,57
MWSt	19%	39,63
Brutto-VP		248,20

Die Aufgabe dient vor allem der Übung, mit den Begriffen klar zu kommen. So könnte die Formulierung „Bezugskosten gesamt" dazu verleiten, diesen Betrag für die gesamten Kosten der bezogenen Ware zu halten; aber „Bezugskosten" meint immer nur solche „Nebenkosten" wie Transport, Verpackung und das „gesamt" sagt, dass dieser Betrag nicht pro Stück, sondern für die gesamte Bezugsmenge entsteht.

Aufgabe 49 – Handelskalkulation

Listen-EP		150,-
Rabatt	12,5%	18,75
Ziel-EP		131,25
Skonto	3%	3,94
Bar-EP		127,31
Bezugskosten		2,70
Einstandspreis		130,01
Handlungskosten	30%	39,-
Selbstkosten		169,02
Gewinn	10%	16,90
Bar-VP		185,92
Provision	**7,98%**	16,13
Ziel-VP		202,05
Rabatt	10%	22,45
Listenverkaufs-preis		224,50

Bei den vorgegebenen Daten darf der Provisionssatz rechnerisch 7,98% nicht überschreiten.

Wie bei der Zuschlagskalkulation: im Schema bleiben und „vorwärts“ rechnen soweit es geht – hier bis zum Barverkaufspreis. Dann vom Ende her bis zum Zielverkaufspreis. Die Differenz ist der Spielraum für Provision; und den Satz zur Beantwortung der Frage nicht vergessen!

Aufgabe 50 - Handelskalkulation

Listenpreis		27,50
Rabatt	10 %	2,75
Netto		24,75
Skonto	2 %	0,50
Bar-Einkaufspreis		24,25
Bezugskosten		1,45
Einstandspreis		25,70
Handlungskosten	40 %	35,98
Gewinnzuschlag	20 %	7,20
Barverkaufspreis		43,18
Skonto	0 %	--
Ziel-VP		43,18
Rabatt	10 %	4,80
Listen-Verkaufspreis		47,98

Deckungsbeitrag und Break-even

Aufgabe 51 – Grundlagen DBR

a) Stückdeckungsbeitrag ist der die variablen Kosten übersteigende Teil des netto erzielten Preises. Er sagt damit aus, ob über die variablen Kosten hinaus auch ein Beitrag zur Deckung der Fixkosten bleibt.
b) Die Kenntnis der Stückdeckungsbeiträge für alle Produkte im Programm ermöglicht erst die im Sinne der Gewinnmaximierung optimale Entscheidung, welche Produkte bei Kapazitätsengpässen in welcher Reihenfolge produziert werden. Sie ist auch die Grundlage für die Abwägung, etwas selbst herzustellen oder einzukaufen.
Hier muss man zu a) keinen größeren Lexikonartikel zur Definition des Stückdeckungsbeitrags abliefern. Die Kernaussage genügt. Es ist auch wichtig, erst die ganze Aufgabe zu lesen, bevor man sich an die Lösung macht, sonst läuft man Gefahr, schon bei a alles Mögliche erklärend dazuzuschreiben, was dann richtige Antwort bei b ist.

Aufgabe 52 - Teilkostenrechnung

a) Fixe Kosten sind unabhängig von der Ausbringungsmenge, während variable Kosten sich unmittelbar in Abhängigkeit von der Ausbringungsmenge verändern.
Als Erklärung des Unterschieds reicht das; weitere Aussagen z.B. zum Kostenverlauf sind nicht nur unnötig, sondern auch fehleranfällig. Wer z.B. weil das in den Klausurfragen immer so ist zusätzlich eine linearen Verlauf der variablen Kosten in die Definition aufnimmt, bekommt für seinen Eifer am Ende noch einen Punkt abgezogen, weil in Wirklichkeit variable Kos-

ten nicht unbedingt völlig gleichmäßig mit der Ausbringungsmenge steigen.

b) Ein „positiver Deckungsbeitrag“ sagt nur aus, dass über die variablen Kosten hinaus etwas übrig bleibt, um die Fixkosten zu decken. Das bedeutet aber noch nicht, dass die Summe aller Deckungsbeiträge auch zur Deckung aller Fixkosten ausreicht.

Aufgabe 53 – Grundlagen DBR

a) Betriebsergebnis = 0; Fixkosten = 450.000; Umsatz = 1.200.000.

In dieser Art wurde (Stand Aug. 2017) bisher 2x in den Klausuren gefragt – und beide Male konnten erschreckend viele die Frage nicht beantworten. Hier gibt es nicht wirklich etwas zu rechnen – die Frage zielt allein auf das Verständnis der Zusammenhänge! Es wurde „gerade noch die Gewinnschwelle erreicht“ bedeutet, es geht um die Situation am Break-even-point. Der ist dadurch definiert, dass die Summe der Deckungsbeiträge exakt die Fixkosten deckt. Bezieht man die variablen Kosten mit ein: dass der Nettoumsatz gleich den Gesamtkosten ist. Daraus folgen die angegebene Werte.

b) Die Stückzahl.

Aufgabe 54 - Kostenfunktion

$K_{ges} = K_{fix} + K_v$

$K_{fix} = 0{,}6 \times 312.000 = 187.200$

$K_v = 0{,}4 \times 312.000 = 124.800$

$K_v = M \times k_v$

$k_v = 124.800 / 7.500 = 16.64$

$K_{ges} = 187.200 + M \times 16{,}64$

Zu den Formeln: die gesamten Kosten (deshalb großer Buchstabe!) bestehen aus den Fixkosten und variablen Kosten. Die Höhe ergibt sich aus der Angabe über die Verteilung der Gesamtkosten. Die Summe der variablen Kosten ergibt sich aus der Menge M multipliziert mit den variablen Stückkosten kv.

b) 300.000 / 7.500 = 40,- € Nettopreis
Stückdeckungsbeitrag db = p ./. k_v = 40,- ./. 16,64 = 23,36
BEP = K_{fix} / db = 187.200 / 23,36 = 8013,69
Der Nettopreis pro Rolle betrug 40,- €; der BEP wird erreicht mit 8.014 Stück.

Da man nur ganze Produkte verkaufen kann, muss bei einem Ergebnis mit Nachkommastellen auf die nächste ganze Zahl aufgerundet werden. Dass ein Verlust erzielt wird, muss nicht eigens erwähnt werden – zumal das bei der Angabe von Kosten, die den Umsatz übersteigen, ohnehin von vornherein klar ist.

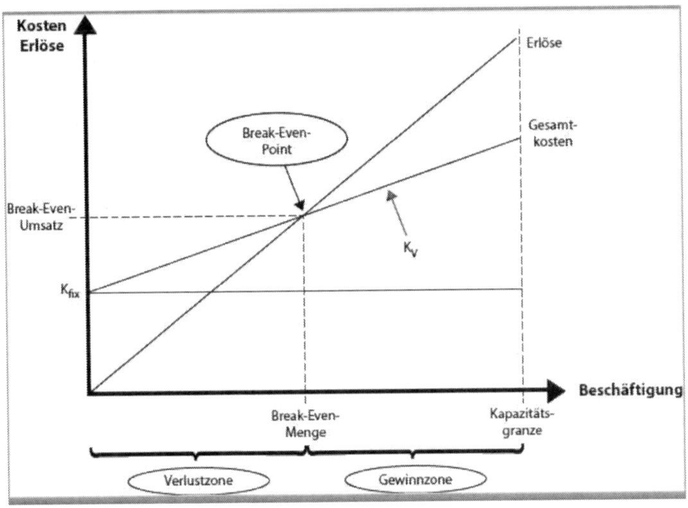

Aufgabe 55 – Break-even und Kostenfunktion

a)

Sep. Menge = 6.000 x 0,75 = 4.500; Kosten 225.240

Okt. Menge = 6.000 x 0,9 = 5.400; Kosten 248.640

Differenz Menge = 900; Differenz Kosten = 23.400

k_v = 23.400 / 900 = 26

K_{fix} Sep: 225.240 ./. (4.500 x 26) = 108.240

K_{ges} = 108.420 + M x 26

b) Gewinnschwelle = K_{fix} / (p - k_v) = 108.240 / 22 = 4.920

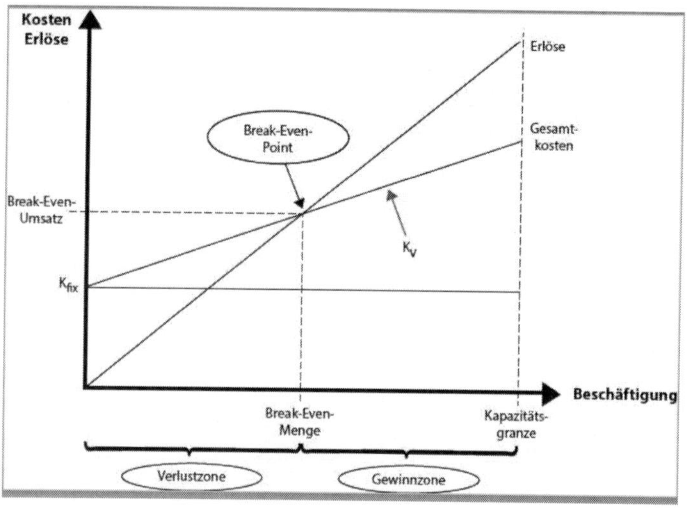

Aufgabe 56 – Break-even

Differenz Kosten: 10,4% von 225.240 = 23.424,96

Differenz: Menge Sep. = (5.460 / 65) x 80 = 6.720; Diff. 1.260

k_v = 23.424,96 / 1.260 = 18,59

K_{fix} Aug.: 225.240 ./. (5.460 x 18,59) = 123.738,60

db = 40 – 18,59 = 21,41

BEP = 123.738,60 / 21,41 =5.779,5; aufgerundet: 5.780.

Die Gewinnschwelle wird bei 5.780 Stück = 68,8% Kapazitätsauslastung erreicht.

Manche Aufgaben sind von den Zahlen her so unglücklich gestellt, dass die Zwischenergebnisse viele Nachkommastellen haben. Je nachdem, ob Sie direkt mit den Werten im Speicher des Taschenrechners weiterrechnen oder die Werte neu mit nur 2 oder auch 4 Nachkommastellen eingeben, erhalten Sie dann unterschiedliche Ergebnisse. Das sind unvermeidliche Rundungsdifferenzen. Um ganz sicher zu gehen, schreiben Sie die Zwischenergebnisse mit 4 Nachkommastellen auf das Lösungsblatt, rechnen auch nur mit diesen Nachkommastellen weiter (also Zahl neu eingeben) und vermerken „mit 4 Nachkommastellen gerechnet". Manchmal ist in den Aufgabenstellungen auch ausdrücklich vermerkt, mit wie vielen Nachkommastellen gerechnet werden soll.

Aufgabe 57 – Break-even bei Mengenänderung

a) Ermitteln Sie den erzielten Nettoerlös pro Stück.

db = 1.683.000 / (40.000 – 18.000) = 76,50

Nettopreis = db + kv = 136,50

Ist vielleicht nicht ganz einfach, auf den Ansatz zu kommen. Fangen wir von der Frage an: der Erlös pro Stück p enthält die variablen Stückkosten – und alles darüber hinaus ist Stückdeckungsbeitrag. Also die bekannte Formel für den Stückdeckungsbeitrag db = p – kv umgeformt: db + kv = p.

Die variablen Stückkosten sind leicht zu ermitteln: variable Gesamtkosten von 2.400.000€ / Ausbringungsmenge 40.000 (80% von 50.000) ergibt 60 €. Brauchen wir noch db: das Betriebsergebnis entsteht durch die Summe der Deckungsbeiträge der den BEP übersteigenden Menge; also 1.683.000 / 22.000.

b) Kapazität neu = 60.000; Kfix neu 1.800.000; kv neu: 51,- €; Preis neu: 122,85.
Stück-db = 122,85 ./. 51 = 71,85
BEP neu = 1.800.000 / 71,85 = 25.052,19 => 25.053

Betriebsergebnis von 1.683.00:
DB – Kfix = 1.683.000; DB = 1.683.000 + 1.800.000 = 3.483.000
3.483.000 / db = 3.483.000 / 71,85 = 48.476

Die neue Gewinnschwelle liegt bei 25.053 Stück; für das bisherige Betriebsergebnis müssten 48.476 Stück verkauft werden.

Immer erst einmal in Ruhe die Daten zurechtlegen, also die Ergebnisse der angegebenen Veränderungen berechnen. Dann sind der neue Stückdeckungsbeitrag und der neue Break-even leicht zu ermitteln. Betriebsergebnis bedeutet: die Summe der Deckungsbeiträge über die Fixkosten hinaus. Also brauchen wir nur die Fixkosten und das angestrebte BE zu addieren und durch db zu dividieren – fertig. Und den abschließenden Satz, der die Frage beantwortet, nicht vergessen!

Aufgabe 58 – Break-even mit Fallen

a) Netto-VP o.MWSt = 22,61 / 1.19 = 19,- €
db = 19 – 7,45 = 11,55

b) BE = (Menge x db) – Kfix = 1.800 x 0,6 x 11,55 – 21.500 = 12.474 – 21.500 = -9.026.

Diese Aufgabe wurde bewusst so „hinterhältig" gestellt, um das Bewusstsein für diese Art von Stolpersteinen zu schärfen. Als erstes ist die Mengenangabe 1.800 zweideutig: sie bezieht sich auf die Kapazität, könnte sich aber rein sprachlogisch auch auf den vergangenen Monat beziehen. Dann wäre die Aufgabe allerdings nicht lösbar. Dann muss man darauf kommen, dass bei einem „Brutto"-VP die MWSt enthalten ist, also herausgerechnet werden muss. Meistens ist das aber in den Klausurfragen eindeutiger. Im Zweifelsfall prüfen: kommt z.B. wie hier nach Division durch 1,19 ein glatterer Betrag raus? Das wäre ein starkes Indiz, dass mit diesem weitergerechnet werden soll. Und am Ende könnte man sich noch durch das Ergebnis mit diesem hohen Verlust verunsichern lassen. Das Minus-Zeichen nicht vergessen – und auch den Antwortsatz nicht:
Das Betriebsergebnis ist ein Verlust von 9.026 €.

Aufgabe 59 – Deckungsbeiträge und Betriebsergebnis

a)

Berechnen Sie das Betriebsergebnis bei 64.000 € Fixkosten.

	Hell	**Natur**	**Dunkel**
Absatz Stück	480	825	760
Umsatz netto	72.000	103.125	100.320
k_{var} / Stück	80	98	82
p / Stück	150	125	132
db	70	27	50
DB	33.600	22.275	38.000

Summe der Deckungsbeiträge – 64.000 = 29.875 € Betriebsergebnis

Meist ist bei solchen Tabellen eine entsprechende Anlage dabei.

b) Da die Typen Natur und Dunkel zusammen 60.725 € Deckungsbeitrag liefern, fehlen noch 3.275 zur Deckung der Fixkosten. Dieser Betrag und das angestrebte BE von 25.000 müsste also als Deckungsbeitrag mit der Sorte Hell erwirtschaftet werden. Bei einem Preis von nur noch 135 € müssten dann 28.725 / 480 = 59,84 als db bleiben; umgekehrt blieben also von den 135 noch 75,16 für die variablen Stückkosten, also 4,84 € weniger als vorher.

Vielleicht wäre es einfacher, auch diesen Frageteil mit einer Tabelle zu beantworten. Aber die Lösung soll ja nachvollziehbar sein und ergibt sich hier zwingend allein aus dem Eintrag von Zahlen nur, wenn alles stimmt. Anders gesagt: hat man bei einem der ersten Rechenschritte einen Fehler gemacht, gibt es für alle weiteren richtigen Schritte dennoch Punkte („Folgefehler"). Wenn aber diese Schritte nicht nachvollziehbar sind, kann das Punkte kosten.

Aufgabe 60 – DBR mit Zielvorgaben

a) BEP = Kfix / (kv – db)
Kfix = 120.000
Kv = 86.400 / 4.800 (80% von 6.000) = 18
120.000 / 48-18 = 4.000 Stück
Die Gewinnschwelle ist mit 4.000 Stück erreicht.

b) Kfix + BE = 120.000 + 24.000 = 144.000
144.000 / 30 = 4.800
Mit einer Absatzmenge von 4.800 Stück wird dss angestrebte Betriebsergebnis von 24.000 erreicht.

Es ist leicht – wenn man auf den Ansatz kommt, einfach das angestrebte BE zu den Fixkosten zu addieren...

c) 48 – 10% = 43,20
db = 43,20 – 18 = 25,20
120.000 / 25,2 = 4.761,9
Mit 4.762 Stück wird eine Umsatzrentabilität von 10% erreicht.

Als zum ersten (und bisher einzigen) Mal so in der Klausur gefragt wurde, haben sehr viele zu kompliziert gedacht und wollten irgendwie mit Rentabilitätsformeln etwas rechnen. Auch hier hilft: einfach und konkret denken! 10% Rentabilität vom Umsatz bedeutet, dass vom Umsatz 10% als Gewinn abgeführt werden sollen. Und um diesen Betrag reduziert sich dann damit auch der Stückdeckungsbeitrag. Man kann also auch so rechnen, dass man direkt vom alten Stückdeckungsbeitrag diese 4,80 abzieht.

Aufgabe 61 – DBR mit Auslastungsgraden

Auslastung	**75 %**	**90 %**
Menge Stück	*42.000*	**50.400**
Variable Stückkosten	9,48	9,48
Fixkosten	*250.000*	**250.000**
Variable Gesamtkosten	**398.160**	*477.792*
Umsatz	673.993,33	808.792
Deckungsbeitrag DB	275.833,33	331.000
Betriebsergebnis	25.833,33	*81.000*
db	6,57	6,57

Um die Schritte besser nachvollziehbar zu machen, wurden die vorhandenen Angaben kursiv gesetzt und die Daten, die man im ersten Schritt direkt daraus erschließen kann fett. Diese sind entweder unabhängig von der Auslastung oder stehen im Verhältnis zur Auslastung. – Im 2. Schritt, für den es verschiedene Wege gibt, lassen sich daraus erschließen:
- variable Stückkosten aus variablen Gesamtkosten / Menge;
- der Gesamtdeckungsbeitrag bei 90% als Summe aus Fixkosten und Betriebsergebnis (damit ergibt sich durch Division mit der Menge auch der auslastungsunabhängige db);
- der Umsatz bei 90% als Summe aus variablen Kosten und DB;
- DB bei 75% aus dem Verhältnis 75/90 aus DB bei 90%;
- der Umsatz bei 75% als Summe aus variablen Kosten und DB;
- BE bei 75% aus Menge x db – Kfix.

Aufgabe 62 - DBR mit Auslastungsgraden

Auslastung	**75 %**	**100 %**
Menge Stück	*225.000*	**300.000**
Variable Stückkosten	8	8
Fixkosten	**1.500.000**	*1.500.000*
Variable Gesamtkosten	*1.800.000*	**2.400.000**
Umsatz	3.127.500	4.170.000
Deckungsbeitrag DB	1.327.500	1.770.000
Betriebsergebnis	-172.500	*270.000*
db	5,90	5,90

Um die Schritte besser nachvollziehbar zu machen, wurden die vorhandenen Angaben kursiv gesetzt und die Daten, die man im ersten Schritt direkt daraus erschließen kann fett. Diese sind entweder unabhängig von der Auslastung, können also unverändert in die andere Spalte übertragen werden, oder stehen im Verhältnis zur Auslastung, können also direkt errechnet werden. – Im 2. Schritt, für den es verschiedene Wege gibt, lassen sich daraus erschließen – zuerst bei 100%:
- die variablen Stückkosten;
- Gesamtdeckungsbeitrag aus Fixkosten + BE;
- der Umsatz aus gesamten variablen Kosten + DB.

Aufgabe 63

a) Die Gewinnschwelle ist erreicht, wenn die Fixkosten gedeckt sind.
Fixkosten p.a. = 10 x 360 = 3.600 €;
Deckungsbeitrag pro Brötchen = Vk-Preis –variable Kosten = 1,20 –0,36 = 0,84 €.
3.600 / 0,84 = 4.285,71 Brötchen. Da man nicht 0,71 Brötchen verkaufen kann, also 4.286 Brötchen.

Gefragt ist aber nach dem Umsatz! Also:
Umsatz 4.286 x 1,20 = 5.143,20

Aber mit dem genauen Ergebnis inklusive der Nach-Kommastellen zu rechnen, wird auch als richtig gewertet.

b)
Variante 1 bedeutet eine Erhöhung der Fixkosten um 200 x 40 = 8.000 € auf 11.600 €.
Das Betriebsergebnis ist:
200 x 120 Brötchen á 0,84 € = 20.160 –11.600 = 8.560 €.

Variante 2 bedeutet eine Erhöhung der variablen Kosten pro Brötchen auf 0,66 €. Damit DB pro Brötchen = 0,54 €.
200 x 120 Brötchen á 0,54 € = 12.960 –3.600 = 9.360 €.

Die Variante 2 ist günstiger.

9. Lösungen - Kennziffern

Aufgabe 64 – Begriffe Rentabilität

Eigenkapital-Rentabilität = Gewinn / Eigenkapital; gibt die Verzinsung des eingesetzten Eigenkapitals an und ermöglicht damit Vergleiche zwischen verschiedenen Einsatzmöglichkeiten. Die Höhe ist von so vielen Faktoren wie der Branche, der Marktposition, aber auch der aktuellen Kapitalstruktur abhängig, dass keine absolute Höhe generell angegeben werden kann. Auf jeden Fall sollte sie deutlich über den marktüblichen Zinsen für das Fremdkapital liegen und damit eine Risikoprämie beinhalten.

Gesamtkapital-Rentabilität = Gewinn + Fremdkapitalzinsen / Gesamtkapital; zeigt an, wie der Rückfluss aus dem Kapitaleinsatz unabhängig von der Kapitalstruktur ist und ist damit ein Indiz für die Ertragskraft des Unternehmens. Sie sollte deutlich über em Marktzins, aber logischerweise damit unter der Eigenkapitalrentabilität liegen.

Umsatz-Rentabilität = Gewinn / Umsatz; zeigt an, wie viel vom gesamten Umsatz dem Unternehmen als Gewinn geblieben ist. Die Umsatzrentabilität ist stark abhängig von Branche und Marktposition.

Aufgabe 65 - Kennziffern

Differenz Eigenkapital: 35.000 minus Einlage 50.000 = -15.000.
Verschuldungskoeffizient: Fremdkapital / Eigenkapital = 1,91.
Die Eckdaten des Unternehmens sind alarmierend. Ohne die neue Einlage wäre durch den Verlust das Eigenkapital sogar auf 239.000 gesunken, der Verschuldungsgrad auf 2,31 gestiegen. Das Eigenkapital sollte jedoch nicht niedriger sein als das

Fremdkapital.
Die Zusätze „Koeffizient" und „Grad" sind hier gleichbedeutend. Im Banksektor wird eher vom Koeffizienten, betriebswirtschaftlich vom Grad gesprochen.

Aufgabe 66 - Kennziffern

a) Anlagenintensität: Anlagevermögen =60 %
Arbeitsintensität: Umlaufvermögen =40 %
Eigenkapitalquote: Eigenkapital = 55 %

b) Vorteile im Einzelnen:
-Das Eigenkapital ist „unkündbar" und steht daher dem Unternehmen langfristig zur Verfügung;
-Das Eigenkapital erhöht die Kreditwürdigkeit, da es für das Fremdkapital haftet;
-Das Eigenkapital wirkt als „Verlustpuffer" und kann somit einer Insolvenz wegen Überschuldung vorbeugen;
-Das Eigenkapital verursacht im allgemeinen keine Liquiditätsbelastung durch Zins-und Tilgungszahlen, die selbst dann aufzubringen sind, wenn keine Gewinne erwirtschaftet werden;
-Eine hohe Eigenkapitalquote ermöglicht ein hohes Maß an Unabhängigkeit von Kreditgebern, die häufig bei Investitionen und anderen Entscheidungen eine Mitsprache ausüben.

c) -Veräußerung nicht betriebsnotwendigen Sachanlagevermögens
- Abbau von Vorräten
- Abbau von Forderungen(Forderungen eintreiben und/oder verkaufen)
- Verkauf von Finanzanlagen
- „Sale-and-lease-back" betriebsnotwendiger Vermögensgegenstände mit anschließender Tilgung von Fremdkapital
- Zuführung von zusätzlichem Eigenkapital.

9. Lösungen - Rentabilität

Aufgabe 67 - Kennziffern und Rentabilität

a) Anlagendeckung 1. Grades: Eigenkapital / Anlagen = 0,83
Anlagendeckung 2. Grades: (Ek + langfr. Fk) / Anlagen = 1,37
Nach der strengeren „goldenen Bilanzregel“ sollte das Verhältnis zwar mindestens 1, also das Anlagevermögen komplett durch Eigenkapital gedeckt sein, jedoch ist zusammen mit dem langfristigen Fremdkapital eine ausreichende Absicherung vorhanden. Zur näheren Beurteilung müsste man die Struktur und Laufzeiten des langfristigen Fremdkapitals näher untersuchen.
Diese Kennziffern gehören eher in den Handlungsbereich „Investition, Finanzierung, Controlling...“. Jedoch ist im Rahmenplan der Punkt 4.1 Aufbereitung und Auswertung der Zahlen interpretierbar – und manchmal lässt sich der Fachausschuss in der Klausur Rechnungswesen zu Ausflügen verleiten.

b) Umsatzrentabilität = Gewinn x 100 / Umsatz = 2.734.000 / 498.000 = 5,49%
Eigenkapitalrentabilität = Gewinn x 100 / Eigenkapital = 2.734.000 / 175.000 = 15,62%
Gesamtkapitalrentabilität = (Gewinn + Zinsen) x 100 / Gesamtkapital = 4.069.000 / 423.000 = 9,62%

Aufgabe 68 – Leverage-Effekt

Wir müssen uns genau ansehen, was da steigt und was sinkt. Es ist völlig richtig, dass wir bei höherem Fremdkapital mehr Zinsen zahlen müssen. So gesehen wäre es am besten, wir hätten gar kein Fremdkapital, also nur Eigenkapital. Dann wäre der ganze Erlös, der mit diesem Kapital erwirtschaftet wird, unser Gewinn. Aber die Rentabilität ist ja keine absolute Zahl, sondern eine Verhältniszahl. Eine Verhältniszahl kann größer werden, wenn die Werte, aus denen sie gebildet wird, kleiner werden – aber sie wird nur dann größer, wenn der Wert über dem Bruchstrich, der Zähler, weniger zurückgeht als der Wert unter dem Bruchstrich, der Nenner. In unserem Fall: wenn der Gewinn weniger zurückgeht (durch das Zahlen von Zinsen) als das Eigenkapital sinkt, steigt der Wert, nämlich die Rentabilität. Und das ist auch logisch: wenn wir bisher ohne Fremdkapital zum Beispiel eine Rentabilität von 10% hatten und nehmen jetzt Fremdkapital mit rein, dann müssen wir darauf achten, dass wir dafür nicht mehr Zinsen zahlen als wir mit dem gesamten Kapital verdienen, nämlich 10%. Zahlen wir für das Fremdkapital 5% Zinsen, ändert das ja nichts daran, dass wir durch den Einsatz des gesamten Kapitals 10% erlösen. Es gibt uns also jemand beispielsweise 100.000 für 5%, wir erlösen damit 10.000 und zahlen ihm davon 5.000 Zinsen. Die anderen 5.000 bleiben aber uns als Gewinn – auf unser Eigenkapital.

Sicher, so weitschweifig würde man eine Klausurfrage nicht beantworten. Das ist mehr eine Erklärung des „Leverage-Effekts" im Unterricht. Aber genau deshalb steht die Aufgabe an dieser Stelle: damit Sie sich noch einmal klar machen, worum es bei solchen Änderungen in der Struktur des Kapitals geht. Dann werden Ihnen die folgenden Aufgaben nicht schwer fallen.

Aufgabe 69 - Rentabilität

a) Ek-Rentabilität = Gewinn x 100 / Ek. Gewinn = 30.000 – Fk-Zinsen. Fk-Zinsen = 6% von 150.000 = 9.000. Gewinn = 21.000.

Ek-Rent. = 21.000 x 100 / 250.000 = 8,4%

Gesamtrentabilität = 30.000 x 100 / 400.000 = 7,5%

b) Ek-Rent. neu = 30.000 – 6% von 200.000 = 18.000
18.000 x 100 / 200.000 = 9%
Die Gesamtrentabilität bleibt unverändert, da sich weder an der Investitionssumme noch an der Summe aus Gewinn und Zinsen etwas geändert hat.
Natürlich kann man bei b) auch so rechnen, dass man die Zinsen nur für das zusätzliche Fremdkapital errechnet und von dem Gewinn abzieht. Wichtig ist bei diesen Aufgaben, dass man gedanklich immer ausgeht von der Gesamtsumme, ob nun einer Investition oder der Bilanz, und dem gesamten Erlös, der dann im Verhältnis der Beteiligung auf Zinsen und Gewinn aufgeteilt wird. Wenn man das verstanden hat, ist die Frage nach einer „neuen" Gesamtkapitalrentabilität zwar fast schon albern, aber sie wird in den Klausuren regelmäßig gestellt. Man kann die auch so beantworten, dass man brav nochmal die Rechnung nur mit anderer Aufteilung zwischen Gewinn und Zinsen hinschreibt.

Aufgabe 70 - Rentabilität

a)
Ek-Rent. = 270.000 x 100 / 3.000.000 = 9%
Gk-Rent. = (270.000 + 120.000) x 100 / 5.000.000 = 7,8%.

b) Gesamterlös aus Gewinn + Zins bisher 390.000 unverändert
Gk-Rent ebenfalls unverändert
Zinsen neu 5,5% auf 2.500.000 = 137.500;
Gewinn = 390.000 – 137.500 = 252.500.
Ek-Rent. neu = 252.500 x 100 / 2.500.000 = 10,1%
Die Lösung zu a) bedarf wohl keiner weiteren Erklärung. Bei b) ist es der einfachste Weg, von dem Gesamterlös auszugehen, der sich ja nicht verändert, weil sich auch an der Höhe der Investitionssumme nichts geändert hat.

Aufgabe 71 – Rentabilität

a) Umsatzrentabilität = 24.800 x 100 / 498.000 = 4,98%
b) Eigenkapitalrentabilität = 24.800 x 100 / 196.000 = 12,65%
c) Gesamtkapitalrentabilität = 35.600 x 100 / 412.000 = 8,64%
Manchmal sind Aufgaben so einfach, dass man eine Falle sucht – wo aber gar keine ist!

Aufgabe 72 – Rentabilität Umformungen

Die Ihnen zur Verfügung stehenden Unterlagen sind nicht ganz vollständig; ermitteln Sie aus den folgenden Daten die fehlenden Informationen über die Höhe des Eigenkapitals und die Gesamtkapital-Rentabilität.
Gewinn 25.800
Zinsen Fremdkapital 13.640
Umsatz 498.000
Zinssatz 5,5%
Eigenkapital-Rentabilität 15%.
Fremdkapital = 13.640 x 100 / 5,5 = 248.000
Eigenkapital = 25.800 x 100 / 15 = 172.000
Gesamtkapital = 420.000
Gk-Rent. = (25.800 + 13.640) / 420.000 = 9,39%

Als in einer Klausur zum ersten Mal NICHT nach der Ek-Rentabilität gefragt wurde, sondern diese angegeben war, gelang es vielen nicht, einfach die Formel entsprechend umzustellen – also üben: Grundwert = Anteilswert mal 100 / Prozentsatz; Anteilswert = Grundwert mal Prozentsatz durch 100; hier: Ek = (Gewinn x 100) / Ek-Rent.; Gewinn = (Ek x Ek-Rent) / 100. – Und was ist mit dem Umsatz? Nichts ist mit dem – manchmal stehen in einer Aufgabenstellung Daten einfach nur nutzlos rum. – Und zum Üben gab es ja dann noch so was: die nächste Aufgabe!

Aufgabe 73 - Rentabilität Umformungen

Eigenkapital = 27.340 x 100 / 15,6 = 175.256,41
Umsatz = 27.340 x 100 / 5,5 = 497.090,91
Zinssatz = 13.350 x 100 / 248.000 = 5,38%
Gesamtkapital = 423.256,41
Gk-Rent. = (27.340 + 13.350) / 423.256,41= 9,61%

Man kann sich im Zeitalter des Taschenrechners nicht darauf verlassen, dass glatte Zahlen rauskommen. Das bedeutet umgekehrt, dass „krumme" Zahlen nicht zwingend Indiz für ein falsches Ergebnis sind.

Aufgabe 74 - Rentabilität mit Gewinnermittlung

Gewinn = Differenz des Eigenkapitals PLUS Entnahmen MINUS neue Einlagen.
Eigenkapital = Anlagevermögen PLUS Umlaufvermögen MINUS Langfristiges Fremdkapital MINUS Verbindlichkeiten
Jahr 1: 50.850 €; Jahr 2: 55.000 €; Differenz: 4.150 €
Gewinn = 4.150 + 12x1200 – 5.000 = 13.550 €.
Durchschnittliches Eigenkapital = 52.925
Eigenkapital-Rentabilität = 13.550 x 100 / 52.925 = 25,6%

Neben der Hürde, bei der Gewinnermittlung die Differenz beim Eigenkapital als nicht ausgeschütteten Gewinn zu erkennen, ist sicher die Bezugsgröße für die Rentabilität das Problem. Wir haben ja zwei Werte: einen zu Beginn des Geschäftsjahres (Stichwort: Bilanzidentität) und einen am Ende, dem Stichtag. Da keine weitere Information vorliegt, könne wir von einer gleichmäßigen Veränderung vom 1. Zum 2. Wert ausgehen. Und damit war das durchschnittlich gebundene Eigenkapital der Mittelwert aus beiden.

Aufgabe 75 – Rentabilität als Denksport

a) Eigenkapital = 6 – 2 = 4 Mill. €
Erforderlicher Gewinn = 9% von 4 Mill. = 360.000 €
Fremdkapital-Zinsen = 6% von 2 Mill. = 120.000
Erlös = 480.000 €
Soweit zum Vorwärmen – aber dann kam es:

b) Gesamtkapital und Gk-Rentabilität bleiben unverändert. Gesucht ist die neue Höhe des Eigenkapitals für 10% Ek-Rentabilität; die Höhe des Fremdkapitals ergibt sich aus der Differenz zu 6. Wir lassen das %-Zeichen, also die Division durch 100 weg und kürzen entsprechend beim Gk auf 60.000.
Also:
(10 Ek + 6 (60.000 – Ek) = 480.000
10 Ek + 360.000 – 6 Ek = 480.000
4 Ek = 120.000
Ek = 30.000
Dann spendieren wir die eingesparten beiden Nullen wieder = 3.000.000 € Eigenkapital
Gegenprobe:
Fk neu 3.000.000; 6% Zinsen = 180.000; Erlös 480.000 - 180.000 = 300.000 Gewinn; Ek-Rent. 10%.

Wenn Sie das rausbekommen haben, können Sie der Klausur entspannt entgegensehen und sich schon mal nach einem Betriebswirte-Kurs umsehen. Wenn Sie es NICHT rausbekommen haben, ist das aber auch nicht schlimm: so schwierig wie hier wird es in der Klausur sicher nicht! Warum dann diese Aufgabe? Weil man daraus lernen kann, solche Aufgaben, bei denen man keinen Plan hat, erst einmal zurückzustellen, bevor nachher die Zeit nicht reicht für andere, die man beantworten kann.

10. Lösungen: Planungsrechnung

Aufgabe 76 – Liquidität und Teilpläne
a) Inhalt des Liquiditätsplans ist die zeitlich gegliederte Gegenüberstellung von Einnahmen und Ausgaben zur laufenden Saldierung. Seine Bedeutung liegt darin, dass dadurch Überblick und Kontrolle ermöglicht wird, ob alle fälligen Verbindlichkeiten fristgerecht und vollständig beglichen werden können.
b) Weitere Teilpläne sind z.B.:
- Investitionsplan (Übersicht der beabsichtigten Anschaffungen);
- Finanzierungsplan (Vorausschau auf die Mittelbeschaffung);
- Personalbedarfsplan (Aufstellung der erforderlichen Anzahl an Mitarbeitern);
- Absatzplan (Erwartungen an die Verkaufszahlen in Stück).

Aufgabe 77 – Umsatzplan und Teilpläne
Letzten Endes hängen alle Teilpläne vom Umsatzplan ab, z.B.:
- Fertigungsplanung ergibt sich aus der für den Verkauf erforderlichen Stückzahl, dem Absatzplan, der zusammen mit den Nettopreisen den Umsatzplan ergibt;
- Liquiditätsplan erfasst die erwarteten Einnahmen aus dem Verkauf und damit dem Umsatz;
- Investitionsplan geht u.a. von den erforderlichen Kapazitäten aus, die sich aus dem Umsatzplan ergeben;
- Finanzierungsplan enthält auch die Erwartung an die Innenfinanzierung durch die Verkaufserlöse.

Wie – nur ZWEI Aufgaben? Ja, nur zwei Aufgaben; das ist genau die bisherige Anzahl der Aufgaben aus diesem Kapitel in allen Klausuren seit 2009 mit insgesamt 124 Fragen.

Literatur

Titel der Reihe „Prüfungswissen kompakt" liegen vor zu den **„Wirtschaftsbezogene Qualifikationen"**:
- Volks-und betriebswirtschaftliche Grundlagen
- **Rechnungswesen**
- Recht und Steuern
- Unternehmensführung

Alle erhältlich als ***eBook*** *bei amazon und als* ***Taschenbuch*** *mit zusätzlichen Kontrollfragen und Übungsaufgaben im Buchhandel.*

Die vier Titel der **Wirtschaftsbezogene Qualifikationen** sind zusammengefasst ohne Kontrollfragen und Übungsaufgaben in einer Paperback-Ausgabe erschienen:
Aktuelle Ausgabe Nov. 2017 – ISBN 9783958871984

Für **Wirtschaftsfachwirte**:
Wirtschaftsfachwirte: Handlungsspezifische Qualifikationen; 236 S.; ISBN 978-3-95887-297-4

Wirtschaftsfachwirte: Präsentation und Fachgespräch; 136 S.; ISBN 978-3-95887-285-1

Für **Industriefachwirte**:
Industriefachwirte: Handlungsspezifische Qualifikationen; 244 S.; ISBN 978-3-95887-397-1

Für **Technische Fachwirte:**
Handlungsspezifische Qualifikationen; 200 S.; ISBN 978-3-95887-797-9